Modélisation de la fissuration des structures en béton

Truong Giang Nguyen

Modélisation de la fissuration des structures en béton

Mécanique de la rupture, thermodynamique, méthode numérique

Presses Académiques Francophones

Impressum / Mentions légales

Bibliografische Information der Deutschen Nationalbibliothek: Die Deutsche Nationalbibliothek verzeichnet diese Publikation in der Deutschen Nationalbibliografie; detaillierte bibliografische Daten sind im Internet über http://dnb.d-nb.de abrufbar.
Alle in diesem Buch genannten Marken und Produktnamen unterliegen warenzeichen-, marken- oder patentrechtlichem Schutz bzw. sind Warenzeichen oder eingetragene Warenzeichen der jeweiligen Inhaber. Die Wiedergabe von Marken, Produktnamen, Gebrauchsnamen, Handelsnamen, Warenbezeichnungen u.s.w. in diesem Werk berechtigt auch ohne besondere Kennzeichnung nicht zu der Annahme, dass solche Namen im Sinne der Warenzeichen- und Markenschutzgesetzgebung als frei zu betrachten wären und daher von jedermann benutzt werden dürften.

Information bibliographique publiée par la Deutsche Nationalbibliothek: La Deutsche Nationalbibliothek inscrit cette publication à la Deutsche Nationalbibliografie; des données bibliographiques détaillées sont disponibles sur internet à l'adresse http://dnb.d-nb.de.
Toutes marques et noms de produits mentionnés dans ce livre demeurent sous la protection des marques, des marques déposées et des brevets, et sont des marques ou des marques déposées de leurs détenteurs respectifs. L'utilisation des marques, noms de produits, noms communs, noms commerciaux, descriptions de produits, etc, même sans qu'ils soient mentionnés de façon particulière dans ce livre ne signifie en aucune façon que ces noms peuvent être utilisés sans restriction à l'égard de la législation pour la protection des marques et des marques déposées et pourraient donc être utilisés par quiconque.

Coverbild / Photo de couverture: www.ingimage.com

Verlag / Editeur:
Presses Académiques Francophones
ist ein Imprint der / est une marque déposée de
OmniScriptum GmbH & Co. KG
Heinrich-Böcking-Str. 6-8, 66121 Saarbrücken, Deutschland / Allemagne
Email: info@presses-academiques.com

Herstellung: siehe letzte Seite /
Impression: voir la dernière page
ISBN: 978-3-8381-7502-7

THÈSE

présentée pour obtenir le grade de

DOCTEUR DE L'ÉCOLE POLYTECHNIQUE

Spécialité :
Mécanique et Matériaux

par

Truong-Giang NGUYEN

Sujet de la thèse :

Modélisation de la fissuration des structures en béton soumises à des sollicitations sévères

Soutenue le 14 Septembre 2012 devant le jury composé de :

M.	Guy BONNET	Rapporteurs
M.	Boumediene NEDJAR	
M.	Quoc Son NGUYEN	Examinateurs
M.	Andrei CONSTANTINESCU	
M.	Alain MILLARD	Directeur
Mme	Huong Nhu NGO	Directrice

Remerciements

Mes remerciements vont, en premier lieu, à mes directeurs de thèse Monsieur Alain MILLARD et Madame Huong Nhu NGO. Leurs qualités tant scientifiques qu'humaines ont été pour moi un soutien inestimable.

Je souhaite ensuite remercier une personne qui n'a pas directement encadré cette thèse, mais qui l'a suivie de près : merci à Monsieur Quoc Son NGUYEN pour l'aide précieuse qu'il m'a apportée.

Monsieur Andrei CONSTANTINESCU m'a fait l'honneur de s'intéresser à ce travail et d'en présider le jury. Qu'il trouve ici l'expression de ma profonde reconnaissance.

Je voudrais exprimer ma gratitude à Messieurs Guy BONNET et Boumediene Nedjar qui ont accepté la lourde tâche d'être rapporteurs de cette thèse. Leurs critiques et suggestions m'ont été d'une grande utilité pour sa présentation finale.

Je remercie également Habibou MAITOURNAM pour m'avoir transmis sa connaissance de la mécanique et pour les nombreuses corrections qu'il a suggérées.

Je souhaite remercier les personnes avec lesquelles j'ai pu discuter, pour leur aide précieuse : Thanh, Hao, Bao, Tuyet et les autres ...

En dernier lieu, j'aimerais adresser mes remerciements les plus chaleureux à mes parents, à ma soeur, à ma femme, à tous les collègues et les amis qui m'ont accordé leur soutien tout au long de ce travail de thèse.

Table des matières

3

Introduction générale

Le béton est un des matériaux de construction les plus répandus dans le monde. La plupart des structures ainsi construites sont dimensionnées selon des règlements qui négligent la résistance du béton en traction et limitent les sollicitations de façon à garantir son intégrité en compression.

Cependant, dans de nombreux secteurs industriels, il est de plus en plus courant d'étudier les marges de sécurité d'un ouvrage vis à vis de sollicitations sévères, le plus souvent accidentelles, telles que des tempêtes, des séismes, ou encore des incendies, des impacts divers (chutes d'avions, voire des agressions terroristes). Les marges de sécurité visent non seulement la tenue mécanique de la structure, mais également sa capacité à assurer sa fonction. Ainsi, dans l'industrie nucléaire où cette pratique est en vigueur depuis longtemps, la préoccupation majeure est d'assurer le confinement des matières radioactives, c'est à dire d'empêcher leur transfert vers la biosphère.

Dans ces conditions, il devient important de prédire le mode de ruine de l'ouvrage. Ceci nécessite de décrire avec précision les différents modes de dégradation du béton en traction et en compression. De nombreux travaux ont déjà été réalisés dans le monde sur ce sujet, conduisant à des modèles opérationnels dans des codes de calcul par éléments finis. Néanmoins, des difficultés subsistent, liées principalement à la fissuration du béton. Ces difficultés se traduisent par des problèmes ouverts concernant la localisation, l'initiation et la propagation des fissures. En particulier, lors des simulations numériques, ce sont par exemple des problèmes de dépendance au maillage des résultats numériques par la méthode des éléments finis.

Pour résoudre ces difficultés, des modélisations théoriques et numériques ont été récemment proposées afin d'améliorer les prédictions antérieures.

Le travail de thèse va dans cette direction et explore deux possibilités d'amélioration des méthodes de simulation numérique de propagation des fissures.

La première possibilité d'amélioration concerne l'utilisation de la méthode des éléments finis étendue, XFEM (eXtended Finite Element Method). Un critère d'initiation de la fissuration du béton a ainsi été développé. Ce critère est l'aboutissement d'une phase préalable d'endommagement du béton, dans laquelle des microfissures se développent pour finalement aboutir à une macro-fissure. La cinématique de l'élément fini est ensuite enrichie de façon à représenter la discontinuité des champs de déplacement associée à une fissure. Une modélisation du comportement mécanique de cette fissure est introduite et conduit à une description de la propagation de fissure d'un élément à un autre.

La deuxième possibilité est basée sur la mécanique de l'endommagement. La fissuration est ici interprétée comme la conséquence d'un phénomène de localisation de l'endommagement. Dans le cadre de la modélisation de l'endommagement de type standard généralisé, le phénomène de localisation a été étudié numériquement pour des comportements divers : endommagement visqueux ou fragile. Ces comportements sont décrits dans le même esprit que les lois de la visco-élasticité ou de la visco-plasticité ou de la plasticité classiques, à partir d'une interprétation thermodynamique générale. En particulier, les lois à gradient de l'endommagement sont aussi considérées en liaison avec des résultats récents de la littérature. Il est bien connu qu'un modèle à gradient permet d'interpréter les effets d'échelle des structures sous chargement mécanique. Il joue aussi un rôle intéressant dans les effets de localisation de la déformation.

Le travail de thèse est développé en 4 chapitres :

- Le chapitre 1 est consacré à une étude bibliographique rappelant le comportement du béton et les éléments de la mécanique de la rupture.

- Le chapitre 2 est consacré à l'utilisation de la méthode des éléments finis XFEM dans le cadre du matériau quasi-fragile. Un nouvel élément est développé, incorporant une discontinuité cohésive dans l'élément fini. Le comportement mécanique en fond de fissure est examiné et conduit à un modèle XFEM particulier permettant de simuler numériquement la propagation de fissure. La validation numérique du modèle est discutée à travers quelques exemples simples.

- Le chapitre 3 développe une méthode de simulation de la propagation des fissures basées sur la mécanique de l'endommagement. Dans le cadre des milieux standard généralisés, les modèles d'endommagement proposés dans la littérature sont d'abord rappelés. Un modèle simple est adopté afin d'examiner le phénomène de localisation en fonction des propriétés du modèle. Les équations décrivant l'évolution du solide endommagé en fonction du trajet de chargement sont données pour un endommagement progressif de type visqueux ou plastique ou un endommagement total. Les simulations numériques sont ensuite données pour valider cette méthode de simulation en comparaison avec les résultats expérimentaux et des résultats numériques et théoriques antérieurs.

– Le chapitre 4 donne les conclusions principales et les perspectives.

Chapitre 1

Analyse bibliographique

Cette partie bibliographique propose une description sommaire des constituants et des caractéristiques mécaniques du béton en vue d'étudier le phénomène de fissuration dans les structures en béton. On rappelle quelques résultats expérimentaux classiques sur la fissuration ainsi que la théorie de Griffith sur la rupture fragile et son extension vers les modèles de rupture cohésive.

1.1 Rappel de mécanique linéaire de la rupture

La mécanique linéaire de la rupture est développée en liaison avec la théorie de Griffith depuis plus de cinquante ans. Aujourd'hui, l'utilisation de la Mécanique linéaire de la rupture dans le dimensionnement des structures à la rupture fragile ou à la fatigue est devenue opérationnelle pour les matériaux métalliques comme pour les matériaux cimentaires.

1.1.1 Théorie de la rupture par Griffith

Parmi les théories de la rupture existantes, la mécanique de la rupture est apparue avec les travaux de Griffith en 1920 [Griffith, 1920] quand il a formulé l'équation d'énergie pour décrire la propagation de fissure utilisant le concept de **taux de restitution d'énergie** G caractérisant la rupture, et dont la valeur critique est une caractéristique du matériau. Griffith a proposé une théorie fondée sur la compétition entre l'énergie élastique restituée lors de l'avancée de la fissure et l'énergie dissipée sous forme de création de nouvelles surfaces. De façon générale, on appelle P l'énergie potentielle stockée dans la structure et ∂A l'incrément de surface correspondant à l'extension de la fissure. G est défini par :

$$G = -\frac{\partial P}{\partial A} \qquad (1.1)$$

Pour le matériau fragile $-\dfrac{\partial P}{\partial A} = \dfrac{\partial U_\Gamma}{\partial A}$, où U_Γ est l'énergie surfacique. On réécrit (1.1) comme suit :

$$G = -\frac{\partial P}{\partial A} = \frac{\partial U_\Gamma}{\partial A} = 2\gamma_s \qquad (1.2)$$

où γ_s est l'énergie superficielle intrinsèque et le facteur 2 représente l'existence des deux lèvres de la fissure.

Dans le même ordre d'idée, pour un milieu élastique linéaire, Irwin en 1957 [Irwin, 1957] a proposé de prendre le facteur d'intensité de contrainte K_{IC} comme la valeur critique pour l'extension de la rupture ; l'indice I indique le mode I de rupture. Le facteur d'intensité de contrainte K_{IC} est appelé la ténacité et il mesure la résistance d'un matériau à la rupture. Irwin a établi qu'il existe une relation entre les facteurs d'intensité de contrainte K_I, K_{II}, K_{III} et le taux de restitution d'énergie de Griffith. Plus généralement, la formule d'Irwin s'écrit :

$$G = \frac{k+1}{8\mu}(K_I^2 + K_{II}^2) + \frac{1}{2\mu}K_{III}^2 \qquad (1.3)$$

et en particulier pour le mode I et le mode II on a :

$$G = \frac{1}{E^*}(K_I^2 + K_{II}^2) \qquad (1.4)$$

où $E^* = E$ pour les contraintes planes et $E^* = \dfrac{E}{1 - \nu^2}$ pour les déformations planes. E et ν sont le module de Young et le coefficient de Poisson, respectivement.

En particulier, pour le mode I, $G_c = \dfrac{1}{E^*}K_{IC}^2$.

1.1.2 Intégrale J de Rice

Une autre contribution notable sur la mécanique élasto-plastique de la rupture a été l' introduction de l'intégrale de contour connue sous le nom d'intégrale J. C'est une autre expression de G qui est représentée sous forme d'une intégrale de contour. Cette expression, due à Rice [Rice, 1968], est très utile en pratique car elle permet de calculer G en restant loin du fond de fissure (voir [Bui, 1978], [Nguyen, 1980]). Le contour Γ est un contour ouvert, orienté dont les extrémités se trouvent sur les faces supérieure et inférieure de la fissure (voir figure 1.1).

$$J = \int_\Gamma (W_e(\varepsilon)\delta_{1j} - \sigma_{ij}\frac{\partial u_i}{\partial x_1})n_j d\Gamma \qquad (1.5)$$

où W_e la densité d'énergie de déformation élastique telle que $\sigma_{ij} = \dfrac{\partial W_e}{\partial \epsilon_{ij}}$, u est le vecteur déplacement en un point M du contour Γ avec la normale n tournée vers l'extérieur et σ

représente le champ de contraintes.

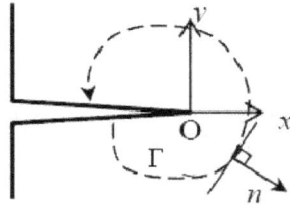

FIGURE 1.1 : *Contour d'intégrale*

Les solutions analytiques de Westergard [Leblond, 2000] fondées sur la théorie de l'élasticité mènent à un champ singulier (infini) de déformation et de contrainte à la pointe de fissure. Une telle contrainte infinie ne peut être tolérée par aucun matériau et le matériau doit subir un comportement nonlinéaire au voisinage de la pointe de fissure.

Le comportement nonlinéaire qui concerne notamment le béton est représenté dans la partie suivante.

1.2 Résistance à la fissuration du béton

Le comportement mécanique des structures dépend fortement des matériaux utilisés. Dans les années 60, une étude sur le comportement à la rupture du béton en utilisant la mécanique linéaire de la rupture a généré beaucoup d'intérêt. Mais on a observé que les résultats calculés selon cette théorie se sont avérés différents de la réalité et que la mécanique linéaire de la rupture n'était pas adaptable pour le béton. En effet la zone du processus de rupture dans la mécanique linéaire de la rupture a toujours été considérée comme la pointe de fissure. Or, pour des matériaux comme le béton, la zone du processus de rupture n'est pas petite en comparaison de la dimension du spécimen. C'est pourquoi, on ne peut pas négliger cette zone lorsque l'on considère ces types de matériaux.

1.2.1 Constituants et microstructure du béton

Basés sur différents constituants, les matériaux cimentaires peuvent être classés en trois catégories : les pâtes, les mortiers et les bétons.

Une pâte est un mélange de ciment et d'eau.

Un mortier est constitué de granulats fins (sable), de ciment et d'eau.

Un béton est un composite constitué de ciment, de granulats fins, de gros granulats, et d'eau. Différents mélanges peuvent être utilisés pour améliorer les propriétés de chacun de ces matériaux cimentaires.

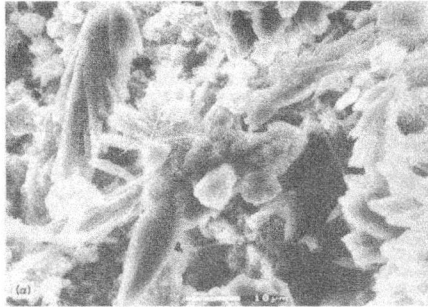

(a)

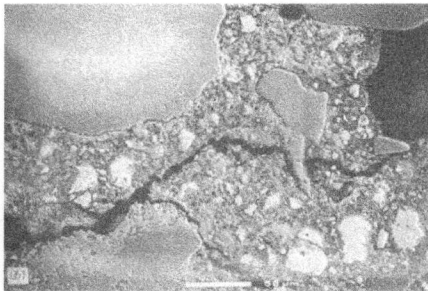

(b)

FIGURE 1.2 : *Hiérarchie des processus de rupture dans les matériaux à base de ciment : la pâte de ciment (a), le mortier (b)*

Les propriétés du béton sont influencées par ses constituants chimiques et les micro, méso, et macrostructures caractérisées par le nombre et la répartition des pores et des fissures internes. Cependant, seule l'influence des fissures internes sur les propriétés mécaniques des matériaux à base de ciment est décrite ici.

Depuis la microstructure de pâte de ciment qui est à une échelle de quelques micromètres, comme le montre la figure 1.2(a), la rupture des pâtes de ciment est influencée par les particules et des vides à cette même échelle.

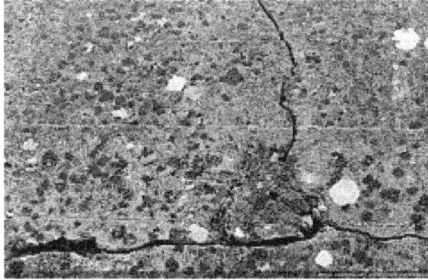

(c)

FIGURE 1.2 : *Le béton*

Les structures internes de mortier sont présentées sur la figure 1.2(b). L'utilisation de sables ou des granulats entraîne des vides dans les mortiers de l'ordre du micromètre. En conséquence, les processus de rupture dans les mortiers peuvent concerner principalement l'initiation et la propagation des vides internes à l'échelle du micromètre.

Pour le béton, les fissures interfaciales et zones de faiblesse d'un millimètre sont des défauts majeurs avec l'utilisation de gros granulats, comme le montre la figure 1.2(c)

1.2.2   Essais du béton en traction

Ces essais sont difficiles à mettre en oeuvre. C'est pour cela qu'il existe peu d'études réalisées sur ce mode de chargement. Toutefois, la réponse est en général semblable à celle donnée par la figure 1.3.

Ce résultat nous permet de distinguer deux phases importantes du comportement du béton :

– dans la première phase, le comportement est élastique linéaire avec une légère perte de raideur juste avant d'atteindre la contrainte maximale f_t ;

– dans la deuxième phase (phase adoucissante), après atteinte de la contrainte maximale, il est observé une chute presque brutale de la contrainte pouvant être supportée par l'éprouvette. Cette chute se prolonge ensuite d'une façon moins accentuée.

Les cycles de charge-décharge mettent en évidence, à chaque décharge, les déformations anélastiques ainsi que la perte de raideur du matériau.

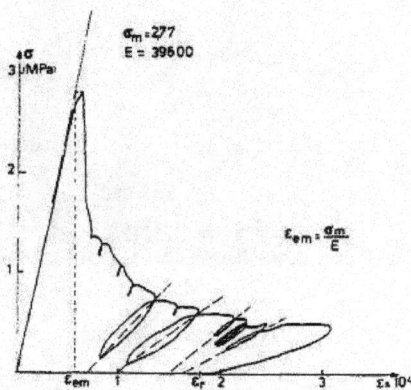

FIGURE 1.3 : *Comportement du béton en traction (selon [Terrien, 1980])*

1.2.3 Essai du béton en flexion 3 points

L'essai en flexion 3 points est souvent réalisé pour déterminer les paramètres caractéristiques de la fissuration, *cf.* Fig. (1.4)

Du point de vue des expériences, le processus de fissuration peut être contrôlé et supervisé au moyen du déplacement d'ouverture des lèvres de la fissure (CMOD) représenté sur la figure 1.5.

Ce déplacement peut être lié théoriquement à la longueur d'entaille initiale a_0 et la fissure efficace critique a_c. Dans le même temps, un autre paramètre, le déplacement d'ouverture de la pointe de fissure initiale (CTOD) peut être défini comme le déplacement à la pointe d'entaille initiale a_0.

Les étapes de l'ouverture (mode I) de la propagation des fissures pour une éprouvette entaillée illustrée dans la figure 1.5 sont liées à la courbe de charge-déplacement. Initialement, jusqu'à un certain niveau de charge P1, la fissure ne se développe pas et le CTOD est égal à zéro. La réponse dans cette période est linéairement élastique. Le niveau de charge P2 est à un stade intermédiaire, où la zone du processus de rupture commence à se développer et une séparation se produit qui se traduit par CTOD > 0. La réponse de la structure devient nonlinéaire. Suite à cela, le pic de charge est atteint et la valeur de P commence à diminuer. Il est à noter que $a = a_c$ et $CTOD = CTOD_c$ au pic de charge. Après le pic de charge, la croissance instable de la fissure se produit si le système de test

(a)

(b)

FIGURE 1.4 : *Essai du béton en flexion trois points (a) la propagation de fissure et (b) la fin de l'essai*

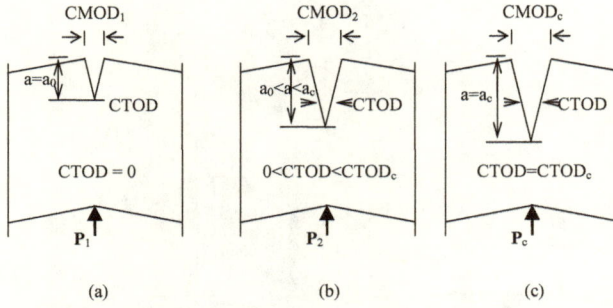

(a)   (b)   (c)

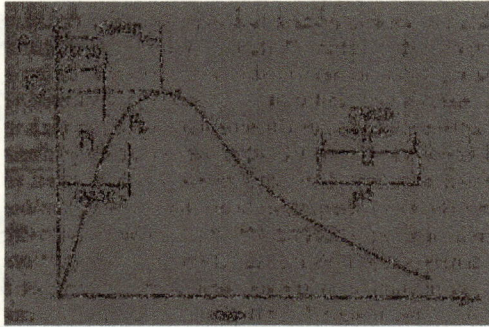

n'a aucun moyen de le contrôler. Une croissance instable de la fissure signifie que la fissure se propage automatiquement même si la charge reste constante ou diminue. Après le pic de charge, une courbe de déplacement - charge adoucissante est observée. Les idées de la mécanique de la rupture peuvent donc être utilisées pour la conception structurelle. Ce point sera discuté dans la section suivante.

1.2.4   Zone du processus de rupture

La mécanique de la rupture linéaire élastique permet à la contrainte de tendre vers l'infini en pointe de fissure. Comme la contrainte infinie ne peut se développer dans les matériaux réels, une certaine taille de zone inélastique doit exister à la pointe de la fissure. Pour les matériaux métalliques, cette zone inélastique est une zone plastique. Comme le béton est un matériau hétérogène constitué de différentes phases, la zone inélastique autour de la pointe de la fissure, que l'on appelle zone du processus de rupture, est dominée par un mécanisme complexe. La surface de la fissure dans le béton est tortueuse et le processus de fissuration dans le béton est très complexe (voir la figure 1.6).

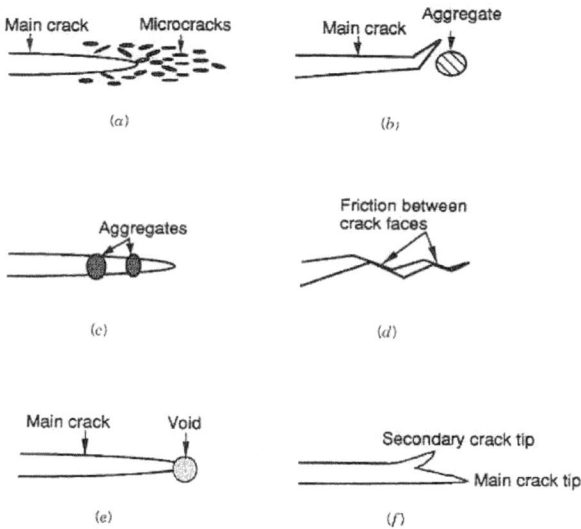

FIGURE 1.6 : *Certains des mécanismes de durcissements dans la zone du processus de rupture (selon [Surendra et al., 1995])*

Microfissuration, déviation de fissure, " aggregate bridging ", friction entre des lèvres

---

de fissure, émoussement de fissure par des vides, et fissure branchée sont des exemples du mécanisme de durcissement inélastique qui apparaissent autour de la fissure lorsqu'elle se propage. La présence de ces multiples mécanismes décourage généralement l'utilisation des principes de la mécanique de la rupture linéaire élastique pour le béton. Habituellement les influences de tous ces mécanismes sont regroupées et prises en compte par une zone de processus de rupture conceptuelle. Par conséquent, pour appliquer la mécanique de la rupture du béton, on a besoin de comprendre et de déterminer cette zone du processus de rupture, notamment sa taille et son évolution lors de la propagation d'une fissure.

1.2.5   Comportement fragile, ductile, quasi-fragile

La zone du processus de rupture est la zone nonlinéaire caractérisée par l'adoucisse-ment progressif, dans laquelle la contrainte diminue lors de l'augmentation de la déforma-tion. Cette zone est entourée par la zone nonlinéaire ayant un comportement plastique ou plastique parfait. Dans la zone plastique, la contrainte augmente à déformation croissante ou demeure constante. Selon la taille relative de ces deux zones et de la structure, on peut distinguer 3 types de comportement de la fissure (Figure 1.7).

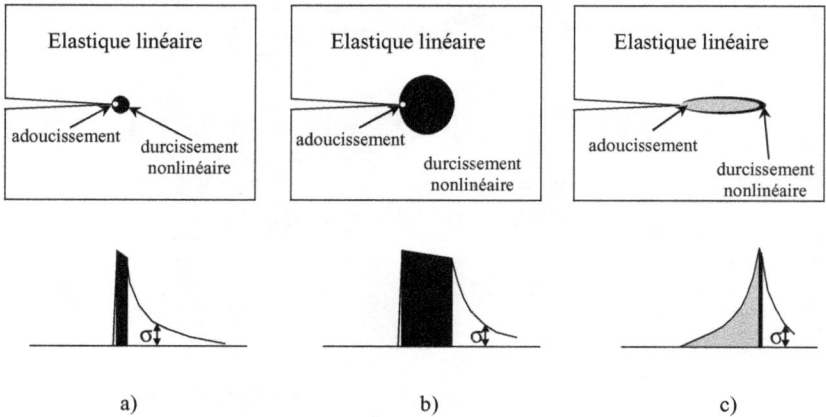

FIGURE 1.7 : *Trois types du comportement de la fissure (selon [Bazant et Planas, 1998])*

Le premier type de comportement correspond à la zone nonlinéaire petite par rapport à la taille de structure. Le processus entier de rupture a lieu presque sur un point, la pointe de la fissure, tout le corps est élastique et la mécanique élastique linéaire de la rupture peut être utilisée. Ce modèle est une bonne approximation pour certains matériaux tels que la céramique, le béton ou le verre... Il faut souligner que l'applicabilité de la mécanique élastique linéaire de la rupture est relative - la structure doit être suffisamment grande comparativement à la zone du processus de rupture.

Dans les deuxième et troisième types de comportement, la proportion entre la taille de zone nonlinéaire et la taille de structure n'est pas suffisamment petite, la mécanique élastique linéaire de la rupture n'est donc pas applicable. Dans le deuxième type de comportement, on tient compte des situations où la plus grande partie de la zone non linéaire se compose du durcissement ou de la plasticité parfaite, et la taille de la zone du processus de rupture du matériau prend une place encore relativement petite.

Enfin dans le troisième type de comportement ,on reprédente le cas où la majeure partie de la zone nonlinéaire subit un endommagement du matériau adoucissant qui est causé par la microfissure ou un autre phénomène similaire. La zone de la plasticité ou plasticité parfaite dans ce cas est souvent négligée. On appelle ce matériau quasi-fragile car même si aucune déformation plastique appréciable ne se produit, la taille de la zone du processus de rupture est suffisamment grande pour être prise en compte dans les calculs, en contraste avec le comportement fragile correspondant à la mécanique élastique linéaire de la rupture.

1.2.6 Énergie de séparation

En général, le phénomène de séparation est de nature irréversible. Les nouvelles surfaces créées peuvent reprendre contact, mais ne se recollent pas. Le processus de séparation à partir du milieu continu, exige une énergie fonction de l'aire créée. Dans l'hypothèse de Griffith, cette énergie est proportionnelle à l'aire :

$$dP = 2\gamma_s dA$$

γ_s : énergie superficielle caractéristique du matériau, dA étant l'aire géométrique de la fissure créée, l'aire totale étant celle des deux faces c'est à dire le double.

Griffith a proposé une valeur limite du taux de restitution d'énergie, appelée résistance à la fissuration et notée G_c. Il y aura alors propagation lorsque G atteint la valeur critique G_c qui représente l'énergie nécessaire à la création de nouvelles surfaces libres en fond de fissure. Remarquons que pour un matériau élastique fragile, G_c ne dépend que de l'énergie superficielle intrinsèque $2\gamma_s$ du matériau : $G_c = 2\gamma_s$.

Ainsi, un critère de propagation de la fissure peut être exprimé comme une inégalité entre les taux de restitution d'énergie par unité d'extension de la fissure et l'énergie de surface :

$$dP \geq 2\gamma_s dA \quad G \geq G_c \tag{1.6}$$

Quand une structure en béton avec une fissure quasi-fragile est soumise à des charges, la charge appliquée conduit à un taux de restitution d'énergie G_q à la pointe de la fissure quasi-fragile, où l'indice q est synonyme de matériaux quasi-fragiles.

Le taux de restitution d'énergie G_q peut être divisé en deux parties : (i) le taux d'énergie consommée au cours de la création de deux surfaces, G_c qui est équivalent à l'énergie de surface, et (ii) le taux d'énergie pour dépasser la pression cohésive $\sigma(w)$ nécessaire pour séparer les surfaces, G_σ. En conséquence, le taux de restitution d'énergie pour la fissure quasi-fragile, G peut être exprimé comme

$$G_q = G_c + G_\sigma \tag{1.7}$$

Une explication dans la littérature [Mohammadi, 2008] afin d'étendre le modèle de Griffith aux matériaux quasi-fragiles, en modifiant de l'équation (1.2), peut être écrite à partir de l'équation :

$$\frac{\partial W^{ext}}{\partial A} = \frac{\partial U_s}{\partial A} + \frac{\partial U_\Gamma}{\partial A} \tag{1.8}$$

où W^{ext} est le travail externe et U_s est l'énergie interne de déformation.

Et U_s est décomposée en deux parties, la partie élastique U_s^e et la partie plastique U_s^p

$$U_s = U_s^e + U_s^p$$

L'équation (1.8) peut donc être réécrite en fonction de l'énergie potentielle :

$$P = U_s^e - W^{ext}$$

$$-\frac{\partial P}{\partial A} = -\frac{\partial U_s^e}{\partial A} + \frac{\partial W^{ext}}{\partial A} = \frac{\partial U_s^p}{\partial A} + \frac{\partial U_\Gamma}{\partial A} \tag{1.9}$$

Par conséquent, l'énergie disponible pour la propagation de fissure est comparée à la résistance du matériau et doit être dépassée pour la propagation de fissure. L'équation (1.9) indique également que le taux de diminution de l'énergie potentielle au cours de la propagation de fissure est égal au taux d'énergie dissipée par la déformation plastique et la propagation de fissure. Pour le matériau fragile et quasi-fragile, U_s^p est nul. Afin d'étendre le modèle de Griffith au matériau quasi-fragile, U_Γ prend en compte l'influence de la zone cohésive.

$$\frac{\partial U_\Gamma}{\partial A} = 2(\gamma_s^e + \gamma_s^p) \tag{1.10}$$

où γ_s^e et γ_s^p sont les parties élastique et cohésive du travail associé à l'extension de fissure, respectivement. L'équation (1.10) est exactement l'équation (1.7).

Comme G_σ est égal au travail accompli par la pression cohésive sur une unité de longueur de la fissure ΔA pour une structure avec une unité d'épaisseur w, sa valeur peut être calculée comme

$$G_\sigma = \frac{1}{\Delta A} \int_0^{\Delta A} \int_0^w \sigma(w)dxdw = \frac{1}{\Delta A} \int_0^{\Delta A} dx \int_0^w \sigma(w)dw = \int_0^{w_f} \sigma(w)dw \qquad (1.11)$$

où $\sigma(w)$ est la pression cohésive normale et w_f est le déplacement d'ouverture de fissure à la pointe de la fissure visible. En remplaçant l'équation (1.11) dans l'équation (1.7) conduit à :

$$G_q = G_c + \int_0^{w_f} \sigma(w)\ dw \qquad (1.12)$$

L'équation (1.12) indique que pour le matériau quasi-fragile, le taux de restitution d'énergie G_q est dû à deux mécanismes de dissipation d'énergie. Le mécanisme de dissipation d'énergie de Griffith-Irwin est représenté par G_c alors que le mécanisme de dissipation d'énergie de Dugdale-Barenblatt [Dugdale, 1960], [Barenblatt, 1972] est représenté par G_σ.

Bien que la propagation d'une fissure quasi-fragile puisse être décrite par l'équation (1.12), on peut utiliser approximativement un mécanisme unique de dissipation de l'énergie, soit le mécanisme de Griffith-Irwin en supposant $\sigma(w) = 0$ ou soit le mécanisme de Dugdale-Barenblatt en supposant $G_c = 0$. Les modèles de mécanique de la rupture utilisant uniquement le mécanisme de dissipation d'énergie de Dugdale-Barenblatt sont généralement dénommés " approche par fissure fictive ". L'approche par fissure fictive suppose que l'énergie pour créer la nouvelle surface est petite par rapport à celle nécessaire pour les séparer, et le taux de dissipation d'énergie G_c disparaît dans l'approche par fissure fictive. Cela entraîne une relation $G_q = G_\sigma$.

Dans le domaine de la fissure cohésive, selon Hillerborg [Hillerborg *et al.*, 1976], l'énergie absorbée est

$$G_f = \int_0^{w_c} \sigma(w)\ dw$$

où w_c est la séparation critique de fissure cohésive. La fissure est supposée se propager lors que $G_q = G_f$, ou autrement dit lorsque la contrainte au voisinage de la pointe de la fissure atteint la contrainte critique f_t. Ces contraintes cohésives dépendent de l'ouverture de la fissure w et varient de zéro (à l'ouverture maximale de la fissure w_c) à la tension critique du matériau f_t (lorsque l'ouverture est égale à zéro en pointe de la fissure).

Parce que le taux de restitution d'énergie $G_c = 0$, le facteur d'intensité de la contrainte K_I est donc égal à zéro. La condition de la propagation de fissure est que la contrainte en pointe de la fissure ait atteint la tension critique f_t. Grâce à l'intégrale J de Rice, on peut prouver facilement cette condition lorsque l'on prend le contour contenant justement la zone cohésive (voir la démonstration dans [Rice, 1968]). En d'autres termes, la fissure se propage quand la partie d'énergie de séparation G_q est égale ou supérieure à l'énergie absorbée G_f correspondant à la résistance en traction égale à f_t.

1.3 Méthodes numériques en mécanique de la fissuration

La fissuration est simulée par une méthode numérique à l'aide d'analyses successives. Une première analyse résoud les équations aux dérivées partielles qui modélisent le comportement du solide fissuré en tenant compte des charges appliquées et des déplacements imposés pour obtenir une estimation des déplacements, déformations et contraintes en tout point du solide. L'intensité et la variation de ces champs à proximité du front de fissure sont ramenées à quelques grandeurs caractéristiques qui sont introduites dans le modèle de fissuration choisi pour obtenir la direction et la longueur de la fissure. En mécanique linéaire de la rupture par exemple, ces caractéristiques sont les trois facteurs d'intensité de contrainte. En ajoutant l'incrément de fissure prédit par le modèle au front de fissure, nous obtenons une nouvelle fissure, qui est la nouvelle frontière interne pour l'analyse suivante qui donnera les nouveaux champs de déplacement, déformation et contrainte et ainsi de suite.

De nombreuses méthodes ont été proposées et développées pour étudier la propagation d'une fissure : méthode des différences finies, équations intégrales (méthode des éléments frontière [Bush, 1999]), puis méthode des éléments finis. Récemment, quelques auteurs ont proposé des méthodes novatrices.

On peut citer par exemple la méthode sans maillage (meshless) " Element-Free Galerkin Method " proposée par Belytschko en 1994 et appliquée à la mécanique de la rupture par la suite [Belytschko *et al.*, 1994]. Cette méthode est plus proche de la méthode des éléments finis. Elle se base sur la résolution de la forme faible des équations aux dérivées partielles par une méthode de Galerkin comme en éléments finis mais par contre l'approximation du champ de déplacement qui est construite pour être introduite dans la forme faible ne nécessite pas de maillage. Seul un ensemble de noeuds est réparti dans le domaine et l'approximation du champ de déplacement en un point ne dépend que de la distance de ce point par rapport aux noeuds l'entourant. L'interpolation est réalisée uniquement à l'aide de noeuds et de la surface de la pièce, ce qui offre l'avantage de propager des fissures sans nécessiter de remaillage. Rashid a également proposé une approche intéressante (Arbitrary Local Mesh Replacement Method [Rashid, 1998]), basée sur la méthode des éléments finis, et consistant à superposer deux maillages. Un maillage de la pièce, qui ne prend pas en compte la fissuration, et un maillage circulaire centré sur la pointe de fissure, et qui va se déplacer en même temps qu'elle. Cette méthode s'avère être assez rapide, mais reste pour l'instant confinée aux matériaux élastiques, et pose des problèmes pour l'étude de plusieurs fissures. La méthode des éléments de frontière est appliquée aux problèmes de mécanique de la rupture depuis une vingtaine d'années ; elle présente pour principale caractéristique une seule discrétisation de la frontière et non de l'intérieur du domaine. Le travail de remaillage entre chaque étape est donc minime puisqu'il suffit d'ajouter un ou quelques éléments pour les incréments de fissure. Dans cette méthode, les équations aux dérivées partielles sont transformées en des équations intégrales sur la frontière par le biais d'une solution fondamentale de ces équations aux dérivées partielles, dite solution de Green. Cette méthode n'est applicable que si une telle solution existe, ce qui n'est pas le cas des problèmes élasto-plastiques. Pour ces problèmes, un maillage de la zone plastique est nécessaire, ce qui fait perdre une grande partie des avantages de la méthode.

L'apparition de la méthode des éléments finis a permis d'étudier la mécanique de la fissuration d'un point de vue numérique, proposant ainsi des solutions plus précises à des problèmes plus complexes. Apparurent alors une multitude de méthodes permettant de calculer les facteurs d'intensité de contraintes, le taux de restitution d'énergie, ou encore de découpler les différents modes de rupture.

Autrement dit, la méthode des éléments finis reste finalement la méthode la plus utilisée, car son domaine d'application est beaucoup plus étendu : matériaux à comportement non-linéaire, problèmes de contact, grandes déformations, couplages thermo-mécaniques, etc... De nombreux auteurs l'ont utilisée dans le cadre de la mécanique de la rupture, et on peut distinguer trois catégories principales [Jirasek, 1999] :

- Pour les modèles continus, le comportement du matériau est décrit par une relation contrainte-déformation. Les méthodes basées sur la notion d'endommagement [Gurson, 1977], [Rousselier, 1987] appartiennent à ces modèles. Des lois, basées sur des paramètres micro-mécaniques du matériau, sont liées à son comportement et permettent de modéliser la fissuration en faisant chuter les propriétés mécaniques dans la zone endommagée. Cependant, cette approche peut conduire à des dégénérescences importantes du maillage en grandes déformations. Les modèles " smeared crack ", développés spécifiquement pour l'étude de pièces en béton en traction, sont également basés sur une décomposition de la déformation totale en une partie élastique, et une partie inélastique [Rashid, 1968]. Ces deux parties correspondent respectivement à la déformation élastique du matériau non fissuré, et à la déformation inélastique due à la fissuration. La partie élastique est gouvernée par une loi reliant contrainte et déformation élastique, comme la loi de Hooke. La partie inélastique correspond à la déformation due à l'ouverture de micro-fissures, ces dernières étant amorcées lorsque les contraintes atteignent une valeur critique. Ces modèles sont cependant affectés par un blocage en contrainte car une fois la micro-fissure introduite, son orientation est fixée. Les modèles "rotating crack", introduits par Gupta [Gupta et Akbar, 1984], remédient à ce problème en autorisant un réajustement permanent de l'orientation de la fissure en fonction des sollicitations. On peut également citer les modèles microplans [Bazant et Planas, 1998], basés non pas sur des paramètres tensoriels, mais sur les projections des tenseurs (contrainte et déformation) sur des plans définis.

– Dans les modèles mixtes, on enrichit la description mécanique des milieux continus par des discontinuités de déplacement correspondant aux fissures macroscopiques. La partie continue du solide est décrite par une loi reliant le tenseur des contraintes au tenseur des déformations, tandis que les discontinuités sont introduites à partir de critères d'amorçage et de propagation de fissures, propres à la mécanique de la rupture. Le " fictitious crack model " proposé par Hillerborg [Hillerborg *et al.*, 1976] définit une loi de traction-séparation qui traduit la décohésion progressive le long de la fissure. L'approche discrète, quant à elle, consiste à modéliser les discontinuités en propageant des fissures réelles à l'intérieur du maillage [Elouard, 1993], [Cervenka, 1994], [Bouchard *et al.*, 2000]. Une telle approche permet de modéliser finement la propagation des fissures, mais nécessite plusieurs remaillages. Certains auteurs ont aussi proposé l'approche fissure incorporée ("embedded crack approach"), consistant à introduire ces discontinuités à l'intérieur même des éléments [Dvorkin *et al.*, 1990].

– Les modèles discrets ne sont pas basés sur une description continue du solide, mais sont plutôt constitués d'assemblages de barres, poutres, ressorts ou saut. Ces entités élémentaires peuvent permettre de modéliser des structures complexes à partir d'éléments simplifiés, ou encore de représenter les liaisons à l'échelle microstructurale du matériau. La rupture est alors prise en compte par la rupture d'une de ces entités élémentaires. Une méthode typique est plus connue sous le sigle XFEM (pour eXtended Finite Element Method) et parfois appelée méthode des éléments finis généralisée. Elle est appliquée aux problèmes de mécanique de la rupture depuis 1999. Elle se base sur la méthode de partition de l'unité développée par Melenk et Babuska [Melenk et Babuska, 1996] qui permet d'enrichir les éléments finis. Des éléments finis classiques sont remplacés par des éléments spéciaux possédant quelques degrés de liberté supplémentaires qui permettent de représenter un champ de déplacement discontinu. Le chapitre suivant permettra de redévelopper un certain nombre de points concernant cette méthode et son utilisation en mécanique de la rupture. Un des avantages de ce type de technique est qu'il n'est pas nécessaire de mailler explicitement la fissure : sa description se fait au moyen d'éléments géométriques se basant sur des fonctions de niveau.

1.4   Conclusion

Le béton, comme le témoigne cette discussion, est un matériau très complexe. L'existence d'une zone cohésive en fond de fissure est un fait expérimental. Sa prise en compte est absolument nécessaire dans toutes les méthodes de prédiction théorique ou numérique de la propagation des fissures.

Chapitre 2

Simulation de la fissuration du béton par XFEM

2.1 Méthode des éléments finis étendue

Ce chapitre développe la possibilité de simulation de la fissure basée sur la méthode des éléments finis étendue XFEM. Un état de l'art approfondi sur le sujet est présenté dans la première partie. Ensuite, des techniques spécifiques sont décrites et mises en œuvre numériquement. Il s'agit de l'actualisation des fonctions de niveau d'une part, et de la prise en compte du comportement non-linéaire du matériau d'autre part. Enfin, ce chapitre se conclut par quelques exemples numériques démontrant l'efficacité de la méthode et des techniques proposées.

2.1.1 Introduction

Résoudre par le calcul numérique les problèmes liés à la mécanique de la rupture est essentiel afin de quantifier et de prédire le comportement des structures fissurées mises en charge. Par le passé, un grand nombre de méthodes numériques ont été proposées pour modéliser de tels problèmes comme les méthodes éléments finis avec des éléments singuliers et non singuliers fournissant une très bonne approximation du facteur d'intensité de contrainte, " boundary element method ", " body force method ", et aussi récemment des techniques " meshless ". Cependant, pour utiliser ces méthodes (hormis la méthode " meshless "), les frontières des éléments finis doivent coïncider avec la fissure, ce qui constitue une difficulté majeure. Celle-ci se révèle du reste encore plus importante lorsqu'on désire étudier la propagation de fissures car un remaillage à proximité du fond de fissure devient alors nécessaire entre chaque itération. Afin de surmonter ces difficultés, une nouvelle technique a récemment été développée : la méthode des éléments finis étendue [Moës *et al.*,

1999].

Celle-ci présente un intérêt très particulier puisqu'elle n'impose plus aux discontinuités d'être conformes aux frontières et permet de s'acquitter de la lourde tâche du remaillage lors de l'étude de propagation de fissures. Un remaillage au niveau du fond de fissure peut parfois s'avérer nécessaire mais le processus est de loin moins coûteux qu'un remaillage complet du modèle.

Cette méthode s'inscrit dans le cadre des méthodes de partition de l'unité. La propriété de cette dernière est bien connue ; elle correspond à la capacité qu'ont les fonctions de forme à reproduire un mode rigide et est cruciale pour la convergence. L'idée principale de cette technique est d'étendre l'approximation habituelle des éléments finis en ajoutant aux fonctions de forme classiques des fonctions de forme capables de prendre en compte des discontinuités. Un problème d'éléments finis traditionnels est ainsi divisé en deux problèmes distincts :

- la génération du maillage pour le domaine géométrique qui devient un problème très simple ;
- l'enrichissement de l'approximation éléments finis par des fonctions additionnelles.

2.1.2 État de l'art

Les fondements mathématiques de la méthode des éléments finis de la partition de l'unité (PUFEM) ont été discutées par Melenk et Babuska [Melenk et Babuska, 1996]. Ils ont illustré que la solution globale de PUFEM a été la base théorique de la méthode des éléments finis de la partition locale de l'unité, appelée plus tard la méthode des éléments finis étendue.

Le premier effort pour développer la méthode des éléments finis étendue s'est produit en 1999 lorsque Belytschko et Black [Belytschko et Black, 1999] ont présenté un remaillage minimal en éléments finis pour la croissance des fissures. Ces auteurs ont montré des fonctions discontinues à l'approximation des éléments finis pour tenir compte de la présence de la fissure. La méthode a permis à la fissure d'être alignée arbitrairement dans le maillage. Pour les fissures fortement courbées, le remaillage peut être nécessaire, mais seulement loin de la pointe de fissure, là où le remaillage est beaucoup plus facile.

Ensuite, Moës et *al.* [Moës *et al.*, 1999] ont amélioré la méthode et l'ont appelée la méthode des éléments finis étendue (XFEM). La méthodologie améliorée tient compte d'une représentation indépendante de la fissure entière par rapport au maillage, fondée sur la construction d'un champ discontinu additionnel qui permet de représenter la géométrie de la fissure et d'éviter la nécessité de remailler quand la fissure se propage.

Sukumar et al. [Sukumar *et al.*, 2000] ont ensuite étendu la méthode XFEM pour la modélisation de fissures tridimensionnelles et abordé le problème géométrique qui est associé à la représentation de la fissure et l'enrichissement de l'approximation par des éléments finis. La modélisation du branchement et de l'intersection de fissures, de la présence de plusieurs trous et des fissures émanant de trous, a été l'objet d'une autre étude réalisée par Daux et al. [Daux *et al.*, 2000] comme des extensions de la méthode XFEM originale.

La méthode de la fonction de niveau a évolué progressivement pour représenter la position de la fissure, y compris la position de la pointe de fissure. Stolarska et al. [Stolarska *et al.*, 2001] ont présenté le couplage de la méthode de la fonction de niveau (LSM) avec XFEM pour la propagation des fissures. Belytschko et al. [Belytschko *et al.*, 2001] ont présenté une technique pour la modélisation des discontinuités arbitraires représentant les fonctions enrichies et ses dérivées dans des éléments finis. L'approximation discontinue a été construite en termes d'une fonction de la distance signée, la fonction de niveau pouvant être utilisée pour mettre à jour la position de la discontinuité. Aussi, Sukumar et al. [Sukumar *et al.*, 2001] ont décrit la modélisation des trous et des inclusions par la fonction de niveau dans la méthode des éléments finis étendue. En même temps, Moës et al. [Moës et Belytschko, 2002] et Gravouil et al. [Gravouil *et al.*, 2002] ont discuté le modèle mécanique et la fonction de niveau mise à jour pour la propagation de fissure non-plane tridimensionnelle, basée sur l'équation Hamilton-Jacobi pour actualiser la fonction de niveau. Une extension de la vitesse fissurée est développée qui préserve la surface de la fissure ancienne et peut générer précisément la croissance de la surface.

Sukumar et al. [Sukumar *et al.*, 2003b] ont développé une technique numérique pour la simulation de la propagation de fissure plane tridimensionnelle par fatigue qui couple la méthode des éléments finis étendue et la méthode " fast marching " (FMM). Chopp et Sukumar [Chopp et Sukumar, 2003] ont étendu la méthode pour de multiples fissures coplanaires, où la géométrie de l'ensemble des multiples fissures était représenté par une seule fonction de distance signée (fonction de niveau) et les fissures distinctes peuvent être traitées par FMM sans aucune nécessité de détection de collision ni reconstruction de maillage. Une approche différente pour s'attaquer au même ensemble de problèmes a été proposée par Ventura et al. [Ventura *et al.*, 2003].

La majorité des développements a suivi le succès initial de la méthode, notamment l'extension aux discontinuités fortes et faibles par Sukumar et Prevost [Sukumar et Prévost, 2003], Huang *et al.* [Huang *et al.*, 2003] et Legay *et al.* [Legay *et al.*, 2005], la discussion sur les moyens de construction des éléments intermédiaires par Chessa et al. [Chessa *et al.*, 2003] et la formulation d'éléments d'ordre supérieur pour la fissure courbée par Stazi *et al.* [Stazi *et al.*, 2003]. Lee *et al.* [Lee *et al.*, 2004] ont combiné la méthode des éléments finis étendue et la méthode de maillage superposé (s-version FEM) pour la modélisation des fissures stationnaires en propagation.

La simulation de la propagation de plusieurs fissures était l'objectif de plusieurs autres études. Budyn *et al.* [Budyn *et al.*, 2004] ont présenté une combinaison XFEM et la méthode de la fonction de niveau pour la modélisation de milieux homogène et inhomogène élastiques linéaires. Zi *et al.* [Zi *et al.*, 2004] ont examiné la jonction de deux fissures et présenté un modèle numérique XFEM pour analyser la propagation et la coalescence des fissures dans une cellule fragile contenant plusieurs fissures. Béchet *et al.* [Béchet *et al.*, 2005] ont proposé un enrichissement géométrique au lieu de l'enrichissement topologique habituel dans lequel un domaine de taille donnée serait enrichi même si les éléments n'ont pas touché le front de fissure.

En dynamique, la méthode XFEM a été proposée par Belytschko *et al.* [Belytschko *et al.*, 2003], Belytschko et Chen [Belytschko et Chen, 2004] et Zi *et al.* [Zi *et al.*, 2005] basée sur l'enrichissement singulier de la méthode des éléments finis pour la propagation de fissure élastodynamique. De même, Réthoré [Réthoré *et al.*, 2005] a proposé une méthode XFEM généralisée au modèle de fissure dynamique et aux problèmes dépendant du temps. Plus tard, Menouillard *et al.* [Menouillard *et al.*, 2006] ont présenté une méthode XFEM explicite par l'introduction d'une matrice de masse localisée pour des éléments enrichis.

En ce qui concerne l'application de la méthode XFEM au matériau quasi-fragile, Moës et Belytschko [Moës et Belytschko, 2002] ont été les premiers à appliquer la méthode XFEM à la modélisation de propagation de fissure cohésive arbitraire où le développement d'une zone cohésive était gouverné en exigeant que le facteur d'intensité de contraintes en pointe de la zone cohésive soit nul. La modélisation de fissure cohésive a également été proposé par Zi et Belytchko [Zi et Belytschko, 2003]. Ils ont développé une nouvelle version de XFEM dans laquelle l'enrichissement est limité aux éléments traversés par la fissure. La fissure a été entièrement traitée avec un type de fonction d'enrichissement, y compris les éléments contenant la pointe de la fissure. Cette méthode a été appliquée à des éléments triangulaires linéaires à 3 noeuds et à des éléments triangulaires du second degré à 6 noeuds.

Dans une méthodologie similaire, Mariani et Perego [Mariani et Perego, 2003] ont présenté une méthodologie pour la simulation de la propagation des fissures cohésives quasi-statiques dans les matériaux quasi-fragiles. L'hypothèse d'une discontinuité de déplacement cubique a permis de reproduire une forme typique "cusplike" de la zone processus à la pointe de la fissure cohésive. Ces travaux ont été poursuivis par Mergheim *et al.* [Mergheim *et al.*, 2005] qui ont proposé la modélisation des fissures cohésives dans les matériaux quasi-fragiles, par laquelle la discontinuité est autorisée à se propager librement à travers les éléments. En conséquence, seules deux séries indépendantes des fonctions de base standard sont nécessaires : la première série a été mise à zéro d'un côté de la discontinuité, tandis que l'autre série a pris ses valeurs habituelles sur l'autre côté et vice-versa. Contrairement à la méthode XFEM classique, l'approche suggérée s'appuie exclusivement sur des degrés de liberté de déplacement. Sur la surface de discontinuité, le saut dans la déformation est lié aux tractions cohésives et rend compte de l'ouverture régulière de fissure. Plus récemment, de Borst *et al.* [de Borst *et al.*, 2004] ont proposé une représentation adéquate des caractères discrets des formulations de la zone cohésive par les segments de fissure cohésive, ce qui évite tout biais de maillage en exploitant la propriété de partition de l'unité des fonctions de forme des éléments finis.

2.1.3 Méthode de partition de l'unité

Dans cette partie, on se propose de présenter la méthode de partition de l'unité développée par Babuska et Melenk [Melenk et Babuska, 1996] et conjointement par Duarte et Oden [Duarte *et al.*, 2001]. Cette méthode a ensuite été utilisée pour de nombreuses applications : la mécanique des fluides [Wells et Sluys, 2001], [Wagner *et al.*, 2003], [Chessa et Belytschko, 2003a], [Chessa et Belytschko, 2003b], l'interaction fluide structure, la modélisation de trous ou d'inclusions [Sukumar *et al.*, 2001], de transformation de phase [Chessa *et al.*, 2002], [Dolbow et Merle, 2001] et la mécanique de la rupture. Pour cette dernière application, citons le développement des Eléments Finis Etendus [Belytschko et Black, 1999], [Belytschko *et al.*, 2001], [Dolbow *et al.*, 2000], [Moës *et al.*, 1999] et des Eléments Finis Généralisés [Strouboulis *et al.*, 2000a], [Strouboulis *et al.*, 2000b] qui utilisent une partition de l'unité locale. On peut aussi faire référence aux travaux menés par de Borst [Wells *et al.*, 2002], [Remmers *et al.*, 2003].

Considérons un domaine discrétisé par un ensemble N de n noeuds. Sur cet ensemble de noeuds s'appuie un ensemble de fonctions de forme N_i.

$$\bar{U} = \sum_{i \in N} N_i(x) U_i$$

Dans l'équation ci-dessus,$\bar{U}$ constitue une approximation Éléments Finis standard de u. Il est possible de démontrer [Melenk et Babuska, 1996] qu'à la condition que les N_i constituent une partition de l'unité dans le domaine Ω, c'est à dire :

$$\sum_{i \in N} N_i(x) = 1 \quad \forall x \in \Omega$$

on peut enrichir l'approximation de u de la façon suivante :

$$u = \sum_{i \in N} N_i(x) u_i + \sum_{i \in N^e} N_i(x) \phi(x) u_i^e \tag{2.1}$$

où ϕ est la fonction d'enrichissement et N^e l'ensemble des noeuds auxquels on choisit de placer des degrés de liberté enrichis u_i^e. L'idée d'exploiter le fait que les fonctions de forme constituent une partition de l'unité peut être illustrée de la façon suivante :

si on prend $N^e = N$, que l'on met les degrés de liberté classiques u_i à 0 et les degrés de liberté enrichis u_i^e à 1, alors on reproduit exactement dans le domaine entier la fonction d'enrichissement ϕ :

$$u = \sum_{i \in N} N_i(x) \phi(x) = \phi(x)$$

Dans la méthode des Eléments Finis Etendus, on exploite cette propriété localement. En effet pour des raisons de coût de calcul, l'enrichissement est localisé dans une certaine zone du maillage si bien que dans la couche d'éléments intermédiaire entre la zone enrichie et la zone non enrichie, on perd la propriété de partition de l'unité (car seulement une partie des noeuds de ces éléments portent des degrés de liberté enrichis).

Les travaux de [Chessa *et al.*, 2003] montrent que la façon dont on traite cette zone peut avoir une influence sur l'ordre de convergence de la méthode. Pour pallier ce problème, une solution consiste à changer de fonction d'enrichissement de façon à ce que celle-ci soit nulle dans les éléments intermédiaires [Zi et Belytschko, 2003].

La fonction d'enrichissement peut être choisie de façon à capturer efficacement la solution du problème traité. Il s'agit généralement de discontinuités géométriques ou matériaux. Dans ces cas là, N^e est en rapport avec le support géométrique de la discontinuité. On peut également choisir d'utiliser plusieurs fonctions d'enrichissement si la discontinuité modélisée ne peut être capturée à l'aide d'une seule fonction.

2.1.4   Méthode des éléments finis étendue (XFEM)

Dans [Moës *et al.*, 1999], Moës et *al.* ont proposé une technique d'exploitation de la méthode de la partition de l'unité. Dans le but d'analyser la fissuration, les fonctions d'enrichissement sont le champ asymptotique en pointe de fissure et une fonction de discontinuité pour représenter le saut de déplacement au travers de la fissure. Leur définition peut être écrite de la façon suivante :

$$u^h = \sum_{i \in I} u_i N_i + \sum_{i \in J} b_j N_j H(x) + \sum_{k \in K} N_k \left(\sum_{l=1}^{4} c_k^l F_l(x) \right) \tag{2.2}$$

où J est l'ensemble des noeuds dont le support est traversé par la fissure, l'ensemble K contient des noeuds de l'élément contenant la pointe de la fissure, b_j et c_k sont respectivement des degrés de liberté additionnels. La fonction discontinue (ou fonction " saut ") H et les fonctions singulières F_l sont définies respectivement par :

$$H(x) = \begin{cases} 1 & x > 0 \\ -1 & x < 0 \end{cases} \tag{2.3}$$

$$F_l(r,\theta) = \left\{ \sqrt{r} \sin \frac{\theta}{2}, \sqrt{r} \cos \frac{\theta}{2}, \sqrt{r} \sin \frac{\theta}{2} \sin \theta, \sqrt{r} \cos \frac{\theta}{2} \cos \theta \right\} \tag{2.4}$$

(r,θ) sont les coordonnées polaires en prenant l'origine à la pointe de la fissure. Les fonctions ci-dessus étendent la solution asymptotique en pointe de fissure pour le problème élastique et le premier terme dans F, $\sqrt{r} \sin \frac{\theta}{2}$, est discontinu au travers de la surface de la fissure.

Néanmoins, il faut remarquer que dans la littérature, on impose une condition de traction libre sur les deux lèvres de la fissure, c'est à dire $\sigma.n = 0$ sur Γ_c, ce qui est une hypothèse appropriée du matériau fragile. Pour représenter la relation entre traction et séparation de la surface autour de la pointe de fissure, la méthode des éléments finis étendue avec zone cohésive a été développée.

2.1.5   Implémentation numérique pour la fissure fragile dans CAST3M

L'implémentation numérique de la méthode XFEM dans un code de calcul aux éléments finis a été réalisée en utilisant le cadre général offert par CAST3M, le code de calcul développé par le Commissariat de l'Énergie Atomique (CEA). Un nouveau module de calcul a été ajouté au code. Sa validation a été d'abord effectuée en traitant l'exemple simple suivant en fissuration fragile :

– Une plaque de largeur w et de hauteur L avec la fissure au bord de longueur a est sollicitée par la traction $\sigma = 1MPa$

La solution exacte de ce problème est donnée par

$$K_I = C\sigma\sqrt{a\pi}$$

où C est le facteur de la correction de géométrie finie :

$$C = 1,12 - 0,231\left(\frac{a}{w}\right) + 10,55\left(\frac{a}{w}\right)^2 - 21,72\left(\frac{a}{w}\right)^3 + 30,39\left(\frac{a}{w}\right)^4$$

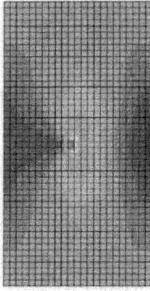

FIGURE 2.1 : *Contrainte σ_{yy} w=100mm, L=200mm, a=45mm*

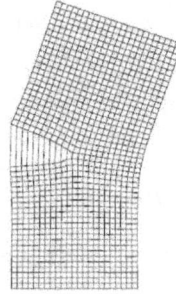

FIGURE 2.2 : *Champ de déformation*

On peut trouver les résultats du calcul du facteur d'intensité de contrainte, comparés avec la théorie dans le tableau 2.1.

TABLE 2.1 : *Facteur d'intensité de contrainte K_I pour une tension de 1MPa*

	K_{num}	$K_{theorie}$	Error (%)
w=100mm, L=200mm	2,848	2,877	-1,008
w=110mm, L=200mm	2,543	2,563	-0,78
w=120mm, L=200mm	2,339	2,345	-0,256
w=130mm, L=200mm	2,186	2,187	-0, 046
w=140mm, L=200mm	2,068	2,067	-0,048
w=150mm, L=200mm	1,976	1,974	0,101

Ces résultats montrent que les erreurs relatives entre les solutions numérique et théorique sont faibles, inférieures à 1%, ce qui montre que cette méthode peut fournir une bonne estimation pour la mécanique de la rupture fragile. On continuera à développer cette méthode en l'appliquant au matériau quasi-fragile avec la relation cohésive entre les lèvres de la fissure. On aborde dans le paragraphe suivant la zone caractéristique du matériau quasi-fragile, appelée souvent la zone du processus de rupture ou de fissure.

2.2 XFEM pour un matériau quasi-fragile

2.2.1 Rappel sur le modèle de fissure cohésive

La zone cohésive du processus de rupture (*cf.* la figure 2.3) peut être décrite par deux approches simplifiées. Dans la première approche, cette zone entière est localisée dans la lèvre de fissure et est caractérisée sous la forme du comportement contrainte - saut de déplacement dont la relation est adoucissante. La deuxième approche, appelée modèle de fissuration diffuse (smeared crack model), suppose que la déformation plastique est distribuée dans un domaine spécifique autour de la pointe de fissure. Dans cette thèse, on se focalise sur la première approche qu'on peut trouver dans la littérature sous le nom "modèle de la fissure cohésive" ou "modèle de la fissure fictive".

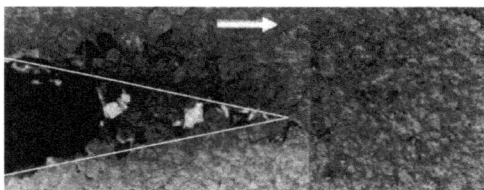

FIGURE 2.3 : *Zone cohésive de la fissure cohésive*

La formulation à l'origine de la mécanique de la rupture fragile par Griffith et Irwin est seulement applicable à un matériau dont la taille de la région nonlinéaire à la pointe de la fissure est négligeable. Pour un matériau fragile, la région de la pointe de la fissure est décrite par un seul paramètre décrivant la singularité comme la valeur du taux de restitution d'énergie G_{IC} ou du facteur d'intensité de contrainte K_{IC}. Pour un matériau quasi-fragile tel que le béton, la mécanique de la rupture fragile n'est pas applicable en raison de la taille de la zone cohésive en rupture par rapport à la dimension de l'échantillon. Par suite un seul paramètre ne sera pas suffisant pour décrire complètement le comportement complexe de la zone cohésive.

Pour une grande structure, néanmoins, la mécanique de la rupture fragile peut-être utilisée comme un modèle valable. Dans ce cas, la rupture représentée par une fissure ou même un point ou un défaut dans la structure et la longueur de la zone cohésive est négligée par rapport à la taille de la structure. En ce qui concerne la mécanique de la rupture ductile, on aborde des études menées par [Dugdale, 1960] et [Barenblatt, 1972]. Dugdale a proposé un modèle simple. Il fait intervenir une zone cohésive en fond de fissure, sur laquelle s'exerce une densité de forces d'interaction entre les lèvres de celle-ci. Dans le modèle simplifié de Dugdale, la densité de ces actions est prise égale à la limite élastique en traction simple du matériau (considéré comme élastique parfaitement plastique σ_y). Par rapport au modèle de Dugdale, le travail de Barenblatt est un peu différent mais mathématiquement analogue à celui de Dugdale ; il suppose que la contrainte varie selon la zone cohésive comme une fonction du saut de déplacement.

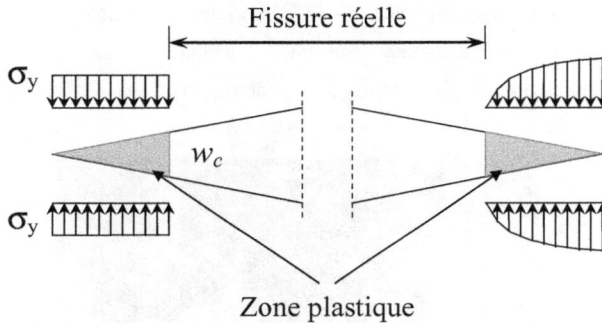

FIGURE 2.4 : *Modèle de la zone plastique de Dugdale (gauche) et Barenblatt (droite)*

Les travaux indépendants de Dugdale et Barenblatt ont servi comme fondation à la formulation du modèle de fissure cohésive.

Hillerborg et ses collègues [Hillerborg *et al.*, 1976] sont les premiers à introduire le modèle de la rupture nonlinéaire pour un matériau quasi-fragile. En s'appuyant sur le modèle idéal de zone plastique en pointe de fissure de Dugdale et Barenblatt, Hillerborg a proposé un modèle de fissure cohésive pour analyser le comportement physique de la rupture du béton. Le modèle de la fissure cohésive de Hillerborg fournit une description de la zone cohésive dans la structure quasi-fragile.

L'idée fondamentale du modèle de la fissure cohésive est décrite par une étude sur le diagramme de contrainte-déformation obtenu par un essai de traction simple.

La figure 2.5 montre deux courbes ABC et ABD. Ces courbes représentent le comportement contrainte-déformation à deux endroits différents de l'éprouvette. ABC décrit

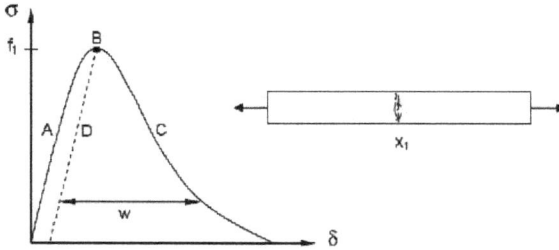

FIGURE 2.5 : *La relation contrainte-déformation de l'éprouvette quasi-fragile en tension*

le comportement en x_1 là où la zone de la fissure évolue ; ABD représente le comportement du matériau dans la partie restante. En effet, deux courbes ont la même branche ascendante ce qui indique qu'avant le pic de contrainte f_t, l'éprouvette est soumise à des contrainte et déformation uniformes. La loi contrainte - déformation $(\sigma - \varepsilon)$ peut-être donc employée pour décrire le comportement du matériau dans ce stade. Pour le béton, le segment AB dévie un peu par rapport à la ligne droite. Après avoir atteint la tension limite f_t, la zone cohésive est supposée se développer en x_1. Sa formation est essentiellement due à une micro fissuration qui adoucit le matériau à cet endroit. La relation entre la contrainte et le déplacement discontinu $(\sigma - w)$ qui décrit le comportement dans cette zone est connue comme une relation tension - adoucissement. Comme le montre le segment BC sur la figure 2.5, cette relation est caractérisée par la décroissance de la contrainte lors de l'augmentation de la déformation. Toute augmentation de la déformation de l'éprouvette dans ce stade est localisée dans la zone cohésive. Par conséquent, à l'extérieur de la zone cohésive, l'éprouvette peut-être encore qualifiée par la relation de contrainte - déformation $(\sigma - \varepsilon)$. Néanmoins, dans la zone endommagée, la relation de contrainte - déplacement discontinu $(\sigma - w)$ doit être utilisée. Le modèle de structure fissurée peut donc être compris à travers deux lois de comportement : pour la zone cohésive, c'est la relation contrainte - déplacement discontinu $(\sigma - w)$ et pour tout le reste du matériau, c'est la relation contrainte - déformation $(\sigma - \varepsilon)$ qui est appliquée.

La distribution de la traction varie nonlinéairement sur la longueur de la zone cohésive (figure 2.6). A la pointe de la fissure, la traction et la discontinuité de déplacement sont égales à la tension limite f_t et zéro respectivement. Il est supposé que la fissure se forme quand la contrainte principale à la pointe de la fissure atteint la valeur de la traction limite f_t du matériau. La fissure se propage selon une direction orthogonale à la contrainte principale. Comme Hillerborg *et al.* [Hillerborg *et al.*, 1976] l'ont démontré, ce n'est pas une fissure réelle mais seulement une fissure cohésive qui est capable de transférer les tractions entre les deux lèvres. Ces tractions décroissent lors de l'augmentation du déplacement discontinu w. Le modèle est l'idéalisation mathématique appropriée de l'endommagement se produisant dans la zone cohésive du matériau quasi-fragile. Dans ce modèle, la fissure réelle apparaît quand la largeur critique de la fissure w_c est atteinte. À ce point, la valeur de la traction retombe à zéro.

Un point essentiel du modèle de la fissure cohésive est la loi d'adoucissement. Cette loi est une description analytique de la variation de la traction en fonction du déplacement discontinu w :

$$\sigma = f(w)$$

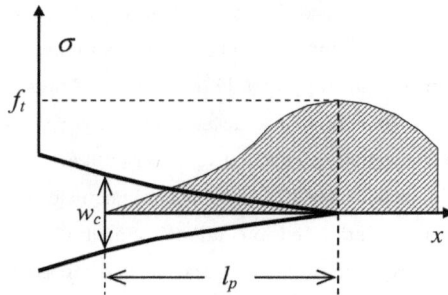

FIGURE 2.6 : *La contrainte cohésive*

Pour l'application du modèle proposé la courbe $\sigma(w)$ peut être choisie de différentes manières, selon la figure 2.7a, 2.7b, qui montre des relations mathématiques simples. Pour les matériaux plastiques typiques, comme l'acier doux, la figure 2.7a semble être le meilleur choix. Il correspond exactement au modèle de Dugdale avec $f_t = \sigma_y$ et $w_c = $ CMOD au démarrage de la progression de la fissure.

Par contre, selon Hillerborg, pour le béton, le meilleur choix de la loi de comportement de la fissure cohésive est proposé selon les trois types suivants :

a) Adoucissement linéaire :

La loi de comportement adoucissante présente une fonction linéaire pour représenter la relation entre la contrainte et l'ouverture de l'interface.

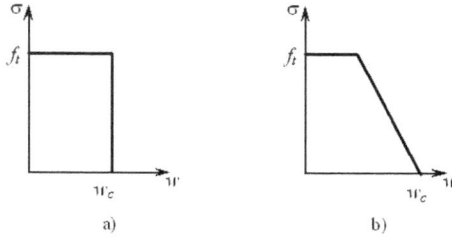

FIGURE 2.7 : *Exemples des variations possibles de la traction avec l'ouverture de la fissure dans des applications pratiques*

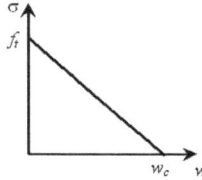

FIGURE 2.8 : *Adoucissement linéaire*

b) Adoucissement bi-linéaire :

La relation entre la contrainte et l'ouverture de l'interface est définie par une fonction bi-linéaire.

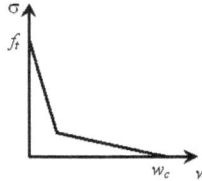

FIGURE 2.9 : *Adoucissement bi-linéaire*

c) Adoucissement exponentiel :

La courbe exponentielle représente la relation entre la contrainte et l'ouverture de l'interface pour ce type de loi d'adoucissement.

Cette loi sera abordée dans le paragraphe suivant.

La fonction adoucissante $f(w)$ est considérée comme étant une propriété du matériau.

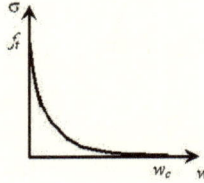

FIGURE 2.10 : *Adoucissement exponentiel*

Il convient de noter deux propriétés de cette fonction : la résistance à la traction f_t et l'énergie de la fissure cohésive G_f. La résistance à la traction f_t est la contrainte à laquelle la fissure est créée et commence à s'ouvrir :

$$f(0) = f_t$$

L'énergie de la fissure cohésive G_f est la quantité d'énergie externe nécessaire pour créer et casser entièrement une fissure cohésive de surface unitaire, et elle est donnée par l'aire sous la fonction d'adoucissement.

$$G_f = \int_0^{w_c} f(w) dw \tag{2.5}$$

2.2.2 Formulation principale

Considérons un domaine Ω comme le montre la figure 2.11, contenant une fissure Γ_d. La partie de la fissure où une loi cohésive est active est représentée par Γ_{coh}, Γ_F la frontière sur la quelle on impose des efforts F, Γ_u la frontière sur la quelle on impose des déplacements $\bar{u}$ (égaux à zéro pour le cas simplifié). Le champ de contraintes est lié aux chargements externes F et aux tractions de fermeture dans la zone cohésive t^+, t^- par les équations d'équilibre.

Les équations d'équilibre pour les matériaux quasi-fragiles ayant une fissure cohésive en l'absence de force de volume sont :

$$\begin{aligned}
\nabla \cdot \sigma &= 0 \\
\sigma \cdot n &= F \quad sur \quad \Gamma_F \\
\sigma \cdot m &= -t^+ \quad sur \quad \Gamma_{d+}^{coh} \quad ; \quad \sigma \cdot m = t^- \quad sur \quad \Gamma_{d-}^{coh}
\end{aligned} \tag{2.6}$$

n, m sont les vecteurs normaux pour Γ_F et Γ_{coh}, respectivement. La condition d'équilibre entre deux surfaces Γ_{coh} est :

$$t = t^- = -t^+ \tag{2.7}$$

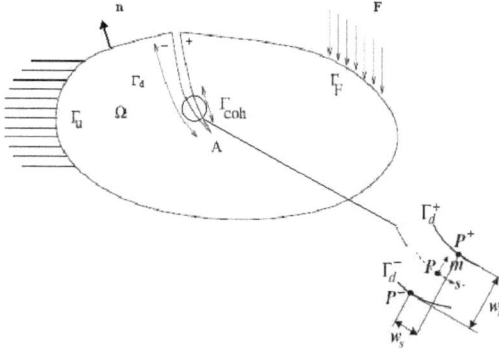

FIGURE 2.11 : *Domaine considéré et notations*

Le déplacement discontinu w traversant Γ_d peut être exprimé en termes du vecteur de déplacement u sur les deux lèvres de la fissure :

$$w = u|_{\Gamma_d^+} - u|_{\Gamma_d^-} \tag{2.8}$$

Soit U l'espace des déplacements admissibles u dans Ω, c'est à dire tel que $u = \bar{u}$ sur Γ_u, u éventuellement discontinue sur Γ_d et $u \in C^0$ en $\Omega \backslash \Gamma_d$. En introduisant les fonctions test $v \in U^0$ (les déplacements sont égaux à zéro sur Γ_u) la formulation faible des équations d'équilibre s'écrit :

$$\int_\Omega \sigma(u) : \varepsilon(v) d\Omega = \int_{\Gamma_F} F \cdot v d\Gamma + \int_{\Gamma_d^+} t^+ \cdot v d\Gamma + \int_{\Gamma_d^-} t^- \cdot v d\Gamma \qquad \forall v \in U_0 \tag{2.9}$$

En remplaçant (2.7) et (2.8) dans la formule (2.9) on obtient :

$$\int_\Gamma \sigma(u) : \varepsilon(v) d\Omega = \int_{\Gamma_F} F \cdot v d\Gamma - \int_{\Gamma_d} t \cdot w d\Gamma$$

$$\int_\Gamma \sigma(u) : \varepsilon(v) d\Omega + \int_{\Gamma_d} t \cdot w d\Gamma = \int_{\Gamma_F} F \cdot v d\Gamma \tag{2.10}$$

A partir de (2.1), on peut écrire le champ de déplacement discrétisé comme :

$$u(x) = u_{cont}(x) + u_{disc}(x) \tag{2.11}$$

La partie continue du champ de déplacement est approchée par la fonction de forme $N_i(x)$

$$u_{cont}(x) = \sum_{i \in N_{tot}} N_i(x) u_i \tag{2.12}$$

où N_{tot} est l'ensemble de tous les noeuds et u_i sont les déplacements nodaux. Les fonctions de forme classiques utilisées N_i sur le quadrangle de référence (ξ, η) sont :

$$N_1 = \frac{1}{4}(1 + \xi)(1 + \eta)$$

$$N_2 = \frac{1}{4}(1 - \xi)(1 + \eta)$$

$$N_3 = \frac{1}{4}(1 - \xi)(1 - \eta)$$

$$N_4 = \frac{1}{4}(1 + \xi)(1 - \eta)$$

La partie discontinue du champ de déplacement peut être limitée aux éléments qui contiennent la fissure. Soit N_{enr} l'ensemble des noeuds des éléments coupés par la fissure. La partie discontinue du champ de déplacement est écrite comme suit :

$$u_{disc}(x) = \sum_{i \in N_{enr}} N_i(x)\psi_i(x)a_i \tag{2.13}$$

$$\psi_i(x) = H(x) - H(x_i)$$

où $\psi_i(x)$ sont les fonctions enrichies et a_i sont des degrés de libertés additionnels au noeud i, H est la fonction discontinue dans l'équation (2.3). À partir de la formulation (2.8), la discontinuité de déplacement w à travers Γ_d peut être écrite :

$$w = 2\sum_i N_i(x)a_i \tag{2.14}$$

Les champs de déformation et de contrainte au sein d'un élément qui contient la fissure peuvent être exprimés par :

$$\varepsilon = Bu + \psi Ba$$
$$\sigma = D(Bu + \psi Ba) \tag{2.15}$$

où

$$B = \begin{bmatrix} N_{i,x} & 0 \\ 0 & N_{i,y} \\ N_{i,y} & N_{i,x} \end{bmatrix} \qquad i = 1..4$$

et D est dans ce cas la matrice de Hooke.

Dans l'équation (2.10), on constate que le comportement de la fissure cohésive est représenté par les grandeurs t (la traction cohésive sur la fissure cohésive) et w (l'ouverture de fissure). Cette relation qui est abordée au début de ce chapitre, a été notamment traitée par Wells et Sluys dans [Wells et Sluys, 2001] :

$$t = \tau(w) \quad ou \quad \left\{ \begin{array}{c} dt_s \\ dt_n \end{array} \right\} = [T] \left\{ \begin{array}{c} dw_s \\ dw_n \end{array} \right\} \tag{2.16}$$

où $\tau(w)$ est la loi de comportement adoucissant (interprétée dans le début du chapitre), $T = \dfrac{\partial \tau}{\partial w}$ et l'ouverture de la fissure w. Ici, la traction normale t_n transmise à travers une discontinuité suit une décroissance exponentielle en fonction d'une variable interne :

$$t_n = f_t \exp\left(-\frac{f_t}{G_f}k\right) \tag{2.17}$$

où f_t est la résistance à la traction du matériau et G_f est l'énergie de rupture et k (variable interne) est la plus grande valeur de la séparation normale w_n vue par la fissure. La rigidité au cisaillement de la fissure est également une fonction de la variable interne. La contrainte de cisaillement agissant sur la surface de discontinuité est calculée à partir de

$$t_s = d_{int}\exp(h_s k)w_s$$

où d_{int} est la rigidité de cisaillement initiale de la fissure ($k=0$), w_s est le déplacement tangentiel de la fissure et h_s est égal à :

$$h_s = \ln(d_{k=1.0}/d_{int})$$

où $d_{k=1.0}$ est la rigidité au cisaillement de la fissure lorsque $k=1,0$.

En remplaçant les équations (2.14), (2.15) et (2.16) dans l'équation (2.10) on trouve :

$$\begin{bmatrix} \int_\Omega B^t DB d\Omega & \int_\Omega \psi B^t DB d\Omega \\ \int_\Omega \psi B^t DB d\Omega & \int_\Omega B^t DB d\Omega \end{bmatrix}\begin{Bmatrix} u \\ a \end{Bmatrix} + \begin{bmatrix} 0 & 0 \\ 0 & 2\int_{\Gamma_d} N^t \tau d\Gamma \end{bmatrix}\begin{Bmatrix} u \\ a \end{Bmatrix} = \left\{\int_{\Gamma_F} N^t F d\Gamma\right\} \tag{2.18}$$

Cette équation traduit le principe des puissances virtuelles avec des fonctions enrichies et l'intégration sur la fissure. On discute dans la suite la partition de l'unité locale pour construire des fonctions enrichies.

2.2.3 Techniques numériques XFEM pour le matériau quasi-fragile

2.2.3.1 Partition de l'unité locale

Moës et Belytschko [Moës et Belytschko, 2002] ont proposé un élément partiellement fissuré dans lequel l'élément en pointe de fissure est enrichi avec un ensemble de fonctions singulières afin de modéliser le champ de déplacement autour de la pointe de la discontinuité. Pour une analyse de la fonction singulière, voir Belytschko *et al.* [Belytschko *et al.*, 2001]. Les fonctions singulières, en général $r^m \sin \theta/2$ où $m = 0.5, 1.0$ etc., ont été utilisées pour l'enrichissement de la pointe de fissure [Belytschko et Black, 1999], [Belytschko

et al., 2001], [Stazi *et al.*, 2003], [Moës et Belytschko, 2002]. Lorsque les fonctions singulières sont utilisées en conjonction avec des fonctions discontinues, la propriété de la
partition de l'unité ne tient pas dans les éléments qui entourent l'élément de la pointe
de fissure. L'enrichissement de ces éléments est une partition de l'unité locale et il doit
être mélangé au reste du domaine pour une performance optimale parce que la fonction
singulière ne s'annule pas sur les bords de l'élément contenant la pointe de fissure. Pour
une discussion des partitions de l'unité locales et le mélange, voir [Chessa *et al.*, 2003].

Mais l'application des fonctions singulières n'est pas considérée étant comme nécessaire dans le cas de la fissure cohésive. Par définition du modèle de fissure cohésive *cf.*
[Moës et Belytschko, 2002], [Ferdjani *et al.*, 2007] (voir aussi le chapitre 1) le facteur d'intensité des contraintes en pointe de fissure est nul, ce qui implique que la fissure se ferme
régulièrement. Cette condition est appelée la condition de nullité du facteur d'intensité
des contraintes.

Comme mentionné précédemment, Zi et Belytschko ont proposé un l'enrichissement
local d'un élément partiellement fissuré dans [Zi et Belytschko, 2003], en appliquant la
fonction distance signée pour l'enrichissement. La figure 2.12 illustre l'effet du décalage
en unidimensionnel.

Notez que la fonction distance signée est décalée par $H(x_i)$. Sinon le champ de déplacement d'enrichissement ne s'annule pas en dehors de l'élément enrichi. Ce changement
ne modifie pas la base de l'approximation mais simplifie la mise en oeuvre, car l'enrichissement résultant disparaît dans tous les éléments qui ne contiennent pas la fissure.
C'est pourquoi, il n'existe alors que deux types d'éléments : élément enrichi et élément
non-enrichi.

2.2.3.2 Aspects fondamentaux de la méthode des fonctions de niveau (Level Set method)

Selon d'idée originale de Osher et Sethian [Osher et Sethian, 1988], la méthode des
fonctions de niveau (ou "Level Set method") propose une définition implicite de l'interface. Plutôt que de considérer directement les points de l'interface, on adopte une vision
Eulérienne du problème. Sur une grille fixe, on définit une fonction représentant la distance
signée à l'interface considérée (*cf.* équations (2.19) et figure 2.13)

$$\begin{aligned} \phi(x) &= sign((x - x_p) \cdot n) \cdot |x - x_p| \\ \Gamma &= \{x, \phi(x) = 0\} \\ \|\nabla \phi\| &= 1 \end{aligned} \qquad (2.19)$$

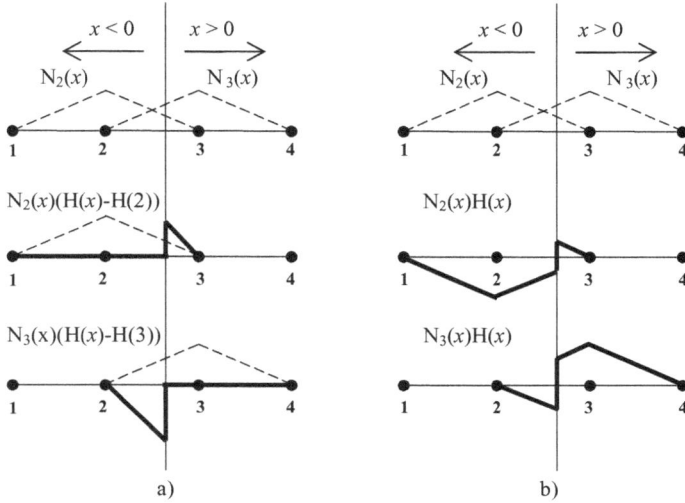

FIGURE 2.12 : *Champ de déplacement enrichi unidimensionnel a)* $N_i(x)\{H(x) - H(x_i)\}$ *et b)* $N_i(x)H(x)$ *; la fonction de forme ordinaire est représentée par les lignes pointillées*

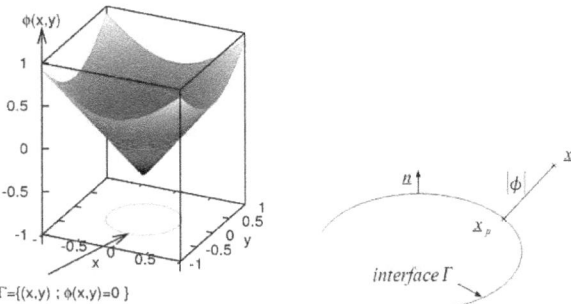

FIGURE 2.13 : *Définition d'une interface depuis une fonction de niveau (tiré de [Réthoré et al., 2005])*

où x et x_p désignent les coordonnées respectives d'un point courant et du point le plus proche situé sur l'interface, et n est la normale à cette interface orientée de l'intérieur vers l'extérieur.

Pour obtenir l'équation d'évolution de la fonction de niveau, il faut remarquer que l'ensemble des points appartenant à l'interface vérifie l'égalité (2.20)

$$x(t) \in \Gamma \Rightarrow \phi(x(t), t) = 0 \tag{2.20}$$

En dérivant cette expression, on obtient l'équation de propagation (2.21)

$$\frac{\partial \phi}{\partial t} + V \cdot \|\nabla \phi\| = 0 \tag{2.21}$$

où V est la vitesse selon la direction normale à l'interface et le vecteur normal à l'interface est donné par

$$n = \frac{\nabla \phi}{\|\nabla \phi\|}$$

Cette méthode s'applique aisément aux problèmes de fissuration 2D, notamment dans le cadre des approches où la fissure n'est pas maillée.

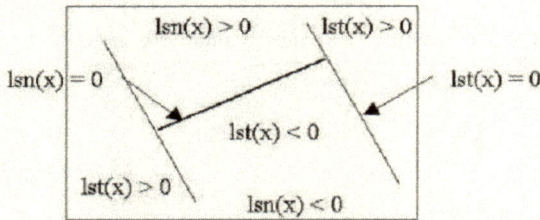

FIGURE 2.14 : *Fonction de niveau pour représenter une fissure 2D*

Ainsi, dans le cas de la fissuration, il est nécessaire d'introduire deux fonctions de niveau en 2D et en 3D :

    — une fonction de niveau normale *lsn* qui représente la distance à la fissure

    — une fonction de niveau tangente *lst* qui représente la distance à la pointe de la fissure

Les champs des fonctions de niveau sont interpolés par les fonctions de forme linéaires utilisées pour l'approximation du champ de déplacement.

$$\begin{aligned} lsn(x) &= \sum_i N_i(x) lsn_i \\ lst(x) &= \sum_i N_i(x) lst_i \end{aligned} \tag{2.22}$$

où N_i sont les fonctions de forme linéaires classiques et lsn_i et lst_i les valeurs nodales des champs de fonction de niveau.

2.2.3.3 Détermination du fond de fissure

Le fond de fissure est défini par l'intersection des iso-zéros des deux level sets $lsn = 0 \bigcap lst = 0$. En 2D, les coordonnées de référence de la pointe de la fissure sont déterminées par la solution du système suivant :

$$\begin{cases} lsn(\xi, \eta) = 0 \\ lst(\xi, \eta) = 0 \end{cases} \tag{2.23}$$

À partir de l'équation (2.23), en utilisant l'équation (2.22), le système s'écrit alors :

$$\begin{cases} (C_1 + A_1\eta)\xi + B_1\eta + D_1 = 0 \\ (C_2 + A_2\eta)\xi + B_2\eta + D_2 = 0 \end{cases}$$

où

$$\begin{aligned}
D_1 &= (lsn1 + lsn2 + lsn3 + lsn4)/4 \\
C_1 &= (lsn1 - lsn2 - lsn3 + lsn4)/4 \\
B_1 &= (lsn1 + lsn2 - lsn3 - lsn4)/4 \\
A_1 &= (lsn1 - lsn2 + lsn3 - lsn4)/4 \\
D_2 &= (lst1 + lst2 + lst3 + lst4)/4 \\
C_2 &= (lst1 - lst2 - lst3 + lst4)/4 \\
B_2 &= (lst1 + lst2 - lst3 - lst4)/4 \\
A_2 &= (lst1 - lst2 + lst3 - lst4)/4
\end{aligned}$$

2.2.3.4 Intégration numérique

Comme dans la méthode des éléments finis classique, il est nécessaire d'effectuer une intégration numérique sur le domaine des éléments pour calculer la matrice de rigidité de l'élément. Lorsque l'on n'utilise pas les fonctions de forme standard, la question de l'intégration numérique se pose. La présence d'éléments "coupés" dans le maillage du modèle pose le problème de l'intégration numérique des équations discrètes sur leurs domaines, sachant que les champs de déplacement correspondants sont discontinus. L'objectif de base de la méthode des éléments finis étendue étant de ne pas utiliser de remaillage, une solution qui supposerait l'introduction de noeuds et d'éléments supplémentaires a été écartée.

L'alternative proposée dans la méthode des éléments finis étendue pour résoudre ce problème est le partitionnement des éléments coupés par la discontinuité. Cette procédure de partitionnement, proposée dès le début du développement de la méthode, diffère du remaillage par quelques aspects importants :

– le partitionnement des éléments est réalisé à des fins d'intégration numérique seulement ; aucun degré de liberté additionnel n'est introduit dans l'espace ainsi discrétisé.

– les fonctions de forme étant associées aux noeuds attachés aux éléments "parents", il n'y a pas de contraintes sur la forme des partitions.

– la tache de division des éléments coupés par les discontinuités est réduite à un exercice géométrique relativement simple

Pour l'analyse 2D d'un modèle discrétisé en éléments quadrilatéraux, le partitionnement adopté pour l'implémentation de la méthode des éléments finis étendue [Moës *et al.*, 1999], [Dolbow *et al.*, 2000], [Sukumar *et al.*, 2003a] est triangulaire, les éléments concernés étant divisés en triangles, comme sur la figure 2.15

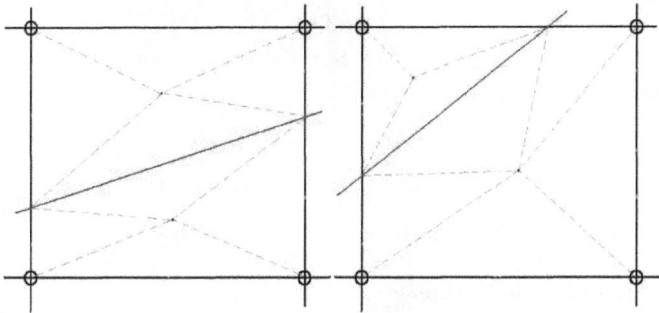

FIGURE 2.15 : *Partitionnement triangulaire des éléments discontinus*

Les éléments qui sont partitionnés requièrent un traitement spécial : Sur la figure 2.15, un maillage structuré (rectangulaire) contenant une fissure arbitrairement orientée est montré. La fissure croise certains des éléments finis, et les sous-triangles formés sont illustrés. Un élément fini (parent) est désigné par e_q, tandis que $e_q^\triangle$ est utilisé pour un sous-triangle (enfant) qui appartient à e_q. Pour un élément e_q qui a été partitionné, on boucle sur tous ses enfants (sous-triangles). La cartographie isoparamétrique pour chaque point de Gauss $(\xi^\triangle, \eta^\triangle) \in e_q^\triangle$ donne en coordonnées réelles :

$$x = \sum_{i=1}^{3} N_i^\triangle(\xi^\triangle, \eta^\triangle) x_i^\triangle$$

où x est le point en coordonnées réelles, $x_i^\triangle$ est la coordonnée du noeud i dans l'élément triangulaire en coordonnées réelles ; $N_i^\triangle$ est la fonction de forme du noeud i du sous-triangle.

À partir de x on trouve $(\xi^\square, \eta^\square) = x^{-1}(\xi^\square, \eta^\square)$ ce qui peut être représenté par :

$$(\xi^\triangle, \eta^\triangle) \rightarrow x \rightarrow (\xi^\square, \eta^\square)$$

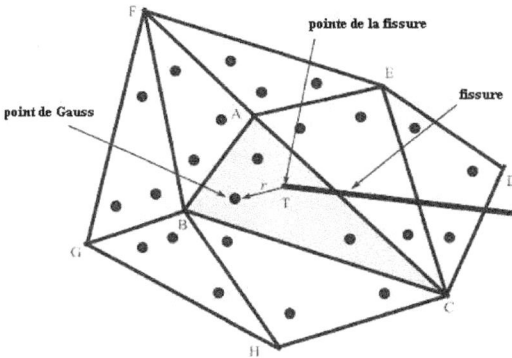

FIGURE 2.16 : *Évaluation non-locale des contraintes en pointe de fissure*

Une fois que la fissure s'est propagée, afin d'éviter l'inexactitude de l'évaluation directe du champ de contrainte local en pointe de fissure, une approche non-locale est utilisée pour déterminer le champ de contrainte en pointe de fissure en pondérant les contraintes aux points de Gauss voisins [Wells et Sluys, 2001] :

$$\sigma = \sum_{g=1}^{n_g} W_g^r \sigma_g \qquad (2.24)$$

avec la fonction de poids radiale définie comme :

$$W_g^r = \frac{1}{(2\pi)^{3/2} l_c^3} \exp\left(-\frac{r_g^2}{2l_c^2}\right) \qquad (2.25)$$

où σ_g est le tenseur de contrainte au point de Gauss g avec une distance r_g de la pointe de fissure et l_c est la longueur caractéristique, supposée être égale à la taille moyenne de l'élément. La figure 2.16 illustre la façon dont les contraintes en pointe de fissure peuvent être évaluées à partir des contraintes aux points de Gauss des éléments voisins.

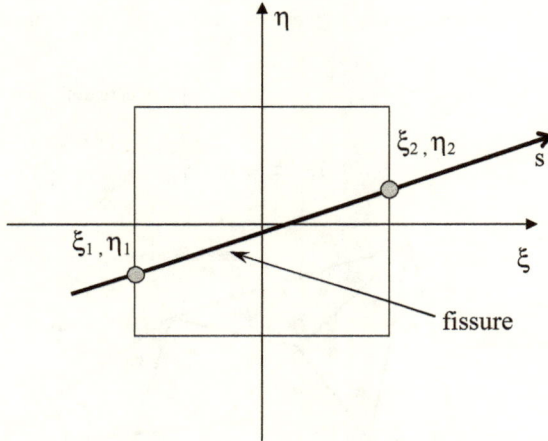

FIGURE 2.17 : *Deux extrémités de fissure dans l'élément de référence*

Un autre point que l'on peut remarquer également dans l'équation (2.18) est que le deuxième terme est une intégration curviligne. La traction cohésive intervient dans le deuxième terme de la force nodale interne enrichie. Pour effectuer cette intégration, on considère la coordonnée de référence dans la figure 2.17. (ξ_1, η_1) et (ξ_2, η_2) qui sont déterminés facilement sont des intersections de la fissure avec les deux cotés de l'élément en coordonnées paramétriques. Deux points d'intégration sont positionnés sur la discontinuité pour intégrer les forces de traction. Un point d'intégration de Gauss (ξ, η) est représenté par :

$$\xi(s) = \xi_1\left(\frac{1-s}{2}\right) + \xi_2\left(\frac{1+s}{2}\right)$$
$$\eta(s) = \eta_1\left(\frac{1-s}{2}\right) + \eta_2\left(\frac{1+s}{2}\right)$$

(2.26)

où s est un des n_s points de Gauss en unidimensionnel et l'intégration numérique du deuxième terme dans (2.18) est établie comme suit :

$$\int_{\Gamma_d} N^t T N d\Gamma = \sum_{i=1}^{n_s} N^t(\xi(s),\eta(s)) T N(\xi(s),\eta(s)) det J \qquad (2.27)$$

En raison de cela, les matrices en équation (2.18) peuvent être calculées avec la même coordonnée (η,ξ) afin d'établir facilement la matrice de rigidité élémentaire.

2.3 Mise en oeuvre dans CAST3M

2.3.1 Établissement de la matrice de rigidité élémentaire

À partir du principe des puissances virtuelles dans l'équation (2.18), on continue les développements pour établir la matrice de rigidité élémentaire enrichie. On remarque des différences entre la matrice élémentaire classique et l'enrichissement.

$$\begin{bmatrix} \int_\Omega B^t D B d\Omega & \int_\Omega \psi B^t D B d\Omega \\ \int_\Omega \psi B^t D B d\Omega & \int_\Omega B^t D B d\Omega + 2\int_{\Gamma_d} N^t \tau d\Gamma \end{bmatrix} \left\{ \begin{array}{c} u \\ a \end{array} \right\} = \left\{ \int_{\Gamma_F} N^t F d\Gamma \right\} \qquad (2.28)$$

La forme discrétisée des puissances virtuelles interprétée pour les incréments de déplacement à chaque itération s'écrit :

$$\begin{bmatrix} \int_\Omega B^t D B d\Omega & \int_\Omega \psi B^t D B d\Omega \\ \int_\Omega \psi B^t D B d\Omega & \int_\Omega B^t D B d\Omega + 4\int_{\Gamma_d} N^t T N d\Gamma \end{bmatrix} \left\{ \begin{array}{c} \delta u \\ \delta a \end{array} \right\} = \left\{ \begin{array}{c} f^{ext} \\ 0 \end{array} \right\} - \left\{ \begin{array}{c} f_a^{int} \\ f_b^{int} \end{array} \right\}$$

$$(2.29)$$

où

$$K_e = \begin{bmatrix} \int_\Omega B^t D B d\Omega & \int_\Omega \psi B^t D B d\Omega \\ \int_\Omega \psi B^t D B d\Omega & \int_\Omega B^t D B d\Omega + 4\int_{\Gamma_d} N^t T N d\Gamma \end{bmatrix} \qquad (2.30)$$

est la matrice de rigidité élémentaire, et

$$f^{ext} = \int_{\Gamma_F} N^t F d\Gamma \qquad (2.31)$$

$$\begin{aligned} f_a^{int} &= \int_\Omega B^t \sigma d\Omega \\ f_b^{int} &= \int_\Omega \psi B^t \sigma d\Omega + 2\int_{\Gamma_d} N^t t d\Gamma \end{aligned} \qquad (2.32)$$

2.3.2 Algorithme

On considère un état du pas courant n et les données suivantes : le maillage qui contient la fissure, les paramètres de matériau, des chargements.

- Étape 1 : On utilise la fonction de niveau pour trouver l'élément de la pointe de fissure et les éléments contenant la fissure. Pour les éléments sans fissure, la méthode des éléments finis classique est appliquée.

- Étape 2 : Calcul de la matrice de rigidité K pour les éléments avec fissure cohésive à l'aide de l'équation (2.30) puis assemblage dans la matrice de rigidité classique.

- Étape 3 : Application d'un incrément de chargement approprié, et résolution pour trouver le champ de déplacement $\left\{ \begin{array}{c} \delta u \\ \delta a \end{array} \right\}$ en utilisant l'équation (2.29).

- Étape 4 : Calcul de l'incrément de déformation $d\varepsilon$ puis détermination des contraintes σ, ainsi que des contraintes cohésives t par la loi de comportement cohésive. Notez que des contraintes cohésives sont des contraintes locales, dans un système de coordonnées modifié.

- Étape 5 : Calcul des forces nodales en utilisant les équations (2.31) et (2.32). Ensuite, on calcule le résidu.

- Étape 6 : Vérification de la condition de convergence. Si elle n'est pas satisfaite, retour à l'étape 3

2.3.3 Simulation numérique

L'application de la méthode des éléments finis étendue pour le matériau quasi-fragile est mentionnée depuis 2001 dans certains articles et nous pouvons citer des auteurs représentatifs de cette méthode comme [Wells et Sluys, 2001], [Moës et Belytschko, 2002], [Zi et Belytschko, 2003]... D'après la littérature, quelques exemples sont testés pour valider cette méthode et prouvent qu'elle donne une bonne estimation de la propagation de fissure. Dans le cadre de cette thèse, avec le logiciel Castem, nous avons programmé cette méthode en vue d'estimer la fissuration du béton, un matériau quasi-fragile typique.

Comme l'on a montré dans la littérature, les essais de poutre en flexion trois points ou en cisaillement quatre points sont validés. Ici, nous proposons de montrer la capacité de la méthode à prédire le trajet de fissuration dans une configuration plus complexe. On considère la pièce en L présentée dans la figure 2.18.

On cherche ici à simuler numériquement les essais menés par Lorentz [Lorentz, 2008].

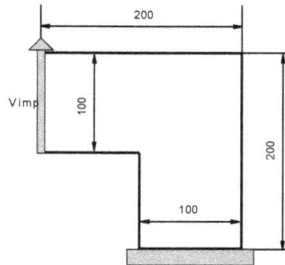

FIGURE 2.18 : *Les dimensions en millimètres et les conditions aux limites de la pièce en L*

Comme le montre la figure 2.18, cette configuration permet d'initier la rupture en mode mixte. Les propriétés de matériau utilisées sont le module de Young $E = 30000$MPa, le coefficient de Poisson $\nu = 0.2$ et la résistance en traction $f_t = 3$MPa, l'énergie de fissure cohésive $G_f = 0,1$N/mm. Lorsque la structure travaille dans le domaine élastique, on recherche le point de Gauss qui atteint le premier la contrainte f_t pour déterminer le point initial de la nouvelle fissure. Nous choisissons l'incrément de fissure égal à trois fois la taille de l'élément, tel que suggéré dans la littérature. La fissuration dans ce cas donne le même trajet que celui obtenue par Lorentz qui a trouvé la fissuration par un modèle d'endommagement.

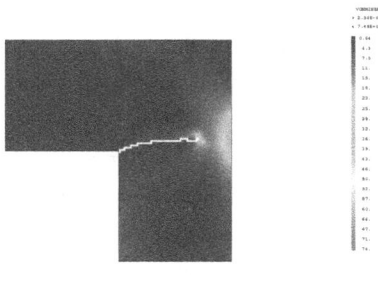

FIGURE 2.19 : *Champ de contrainte qui tient compte de la fissuration*

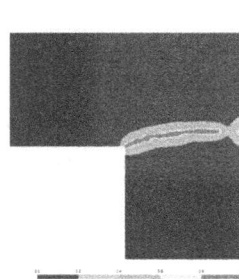

FIGURE 2.20 : *Champ d'endommagement à la ruine de la structure selon [Lorentz, 2008]*

On remarque également la zone de compression à droite de la structure qui est conforme à la zone endommagée en compression.

Sur la même éprouvette en L, nous nous intéressons aux résultats de Unger [Unger *et al.*,

2007] et de Meshke [Meschke et Dumstorff, 2007] qui donnent quelques résultats expérimentaux. La comparaison avec les résultats expérimentaux sur la figure 2.21 montre que
les résultats numériques se trouvent à l'intérieur du fuseau des courbes expérimentales.
La prédiction du trajet de fissuration cohésive est donc acceptable.

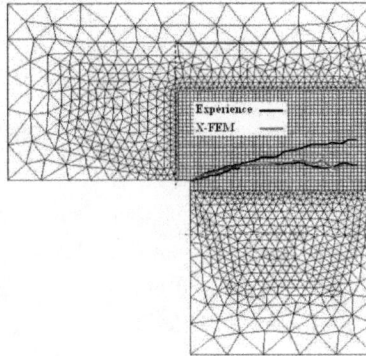

FIGURE 2.21 : *Le trajet de fissuration*

2.4 Conclusions

Dans ce chapitre, une présentation de la méthode des éléments finis étendue est décrite et mise en œuvre numérique dans le code Cast3M pour simuler la propagation des
fissures dans les structures en béton. Nous avons construit un nouveau type d'élément fini
quadrilatère. En se basant sur la méthode des éléments finis étendue, la discontinuité est
incorporée au sein de cet élément au lieu de construire le maillage conforme à la géométrie
de la discontinuité. Les relations non linéaires décrivant le comportement entre les deux
lèvres de la fissure cohésive suivant le modèle de Hillerborg ont été adoptées.

Grâce à la méthode des fonctions de niveau, le traitement de la propagation des fissures est développé ainsi que les techniques de programmation concernant cette méthode.
L'intégration numérique et le calcul d'une contrainte non locale sont également établis
pour trouver des résultats plus précis. Un nouveau module a été mis en oeuvre dans le
logiciel Cast3M.

Les résultats obtenus sont validés avec succès et prouvent la capacité du programme
à fournir des résultats corrects sur le problème de la fissure cohésive.

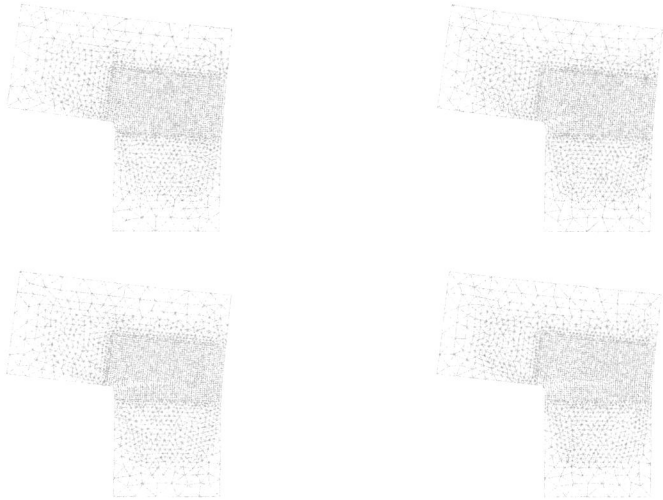

FIGURE 2.22 : *Champs de déformation correspondant aux pas de calcul*

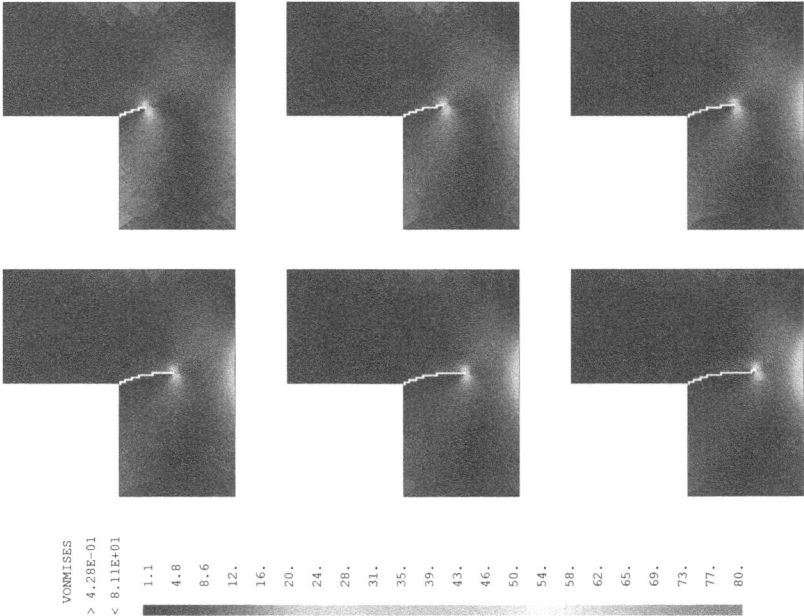

FIGURE 2.23 : *Evolution des contraintes de Von Mises*

Chapitre 3

Simulation de la fissuration basée sur la Mécanique de l'Endommagement

On a vu au Chapitre 1 que le processus de rupture s'effectue principalement en fond de fissure dans la "process zone". Pour le béton, cette zone comporte essentiellement des micro-fissures et se traduit globalement par un affaiblissement des caractéristiques élastiques du matériau. Pour cette raison, la Mécanique de l'Endommagement joue un rôle important dans la modélisation de la loi de comportement du béton. Ce chapitre a pour but d'explorer par le calcul numérique l'initiation et la propagation des fissures en suivant une approche basée sur des modèles de matériaux élastiques endommageables. Dans cette approche, une fissure peut être considérée comme une zone endommagée fortement localisée. L'apparition et la localisation des zones endommagées dans un solide élastique, endommageable devrait permettre de suivre le développement des fissures sans connaître *a priori* leur emplacement. De nombreuses études ont été consacrées à ce sujet dans la littérature. Bui [Bui *et al.*, 1980] a discuté le problème de la propagation d'une fissure dans un solide élastique, brutalement endommageable. Des travaux importants ont été menés plus récemment, cf. Henry *et al.*[Henry et Levine, 2004], Marigo *et al.* [Francfort et Marigo, 1998], [Amor *et al.*, 2009], Lorentz et Benallal [Lorentz et Benallal, 2005], cf. Bourdin et Marigo [Bourdin *et al.*, 2000], Lorentz [Lorentz, 2008].

Initiée en France depuis les travaux de Lemaître et Chaboche [Lemaitre et Chaboche, 1996], la Mécanique de l'Endommagement a été beaucoup discutée et bien présentée dans de nombreux ouvrages. Pour un matériau élastique endommageable, une variable d'endommagement d est introduite en plus de la déformation ε pour décrire l'état d'endommagement du matériau. Souvent, pour simplifier, d est simplement un scalaire et représente un taux d'endommagement. Il est admis que le tenseur des coefficients élastiques L dépend de l'état d'endommagement d, c'est-à-dire que $L = L(d)$ en petite déformation. Plusieurs expressions de $L(d)$ ont été proposées dans les modèles usuels de la littérature. Des modèles plus sophistiqués incluant ∇d le gradient du paramètre d'endommagement ont été discutés depuis les travaux de Frémond et Nedjar [Frémond et Nedjar, 1996]

Les modèles de matériau élastique endommageable avec ou sans gradient de la variable d'endommagement entrent dans l'esprit des matériaux standard généralisés (GSM), cf. Halphen et Nguyen QS [Halphen et Nguyen, 1975], Nguyen QS [Nguyen, 2000]. Cette description est ici adoptée afin d'assurer une présentation actualisée de la Mécanique de l'Endommagement et faciliter le classement et la comparaison des modèles proposés dans la littérature.

3.1 Rappel sur la thermodynamique

3.1.1 Principes de la thermodynamique

Soit un milieu continu en transformation thermo-mécanique sous des actions externes mécaniques et thermiques. L'étude thermodynamique du système est relativement aisée si l'on accepte le postulat suivant :

On postule qu'un système de milieu continu est une adjonction de sous-systèmes infinitésimaux en évolution suffisamment lente pour que chaque sous-système puisse être considéré comme presque en équilibre thermodynamique à chaque instant.

C'est le postulat de l'état local qui est la base de la thermodynamique des milieux continus. Ce postulat permet l'introduction des définitions suivantes :

A chaque point matériel x du système et à chaque instant t, on peut associer une température T, une densité d'énergie interne e et une densité d'entropie s par unité de masse (énergie interne et entropie spécifiques). Comme l'énergie interne et l'entropie sont des grandeurs additives, pour un volume du milieu continu, on peut associer les quantités d'énergie interne et d'entropie globales

$$E_\Omega = \int_\Omega \rho e \, d\Omega, \qquad S_\Omega = \int_\Omega \rho s \, d\Omega$$

Dans ces conditions, un système de milieu continu n'est qu'un système macroscopique particulier pour lequel on peut énoncer les deux principes de la thermodynamique d'une manière tout à fait classique. La seule difficulté provient du fait qu'on a des champs de fonctions variant d'une façon plus ou moins régulière dans un volume Ω, par exemple la température T est une fonction des variables de l'espace et du temps, $T = T(x,t)$ en variables Eulériennes.

Si l'on admet aussi la notion de variables d'état, on peut exprimer l'énergie interne et l'entropie spécifiques en fonction des variables d'état (χ, T) formant un système de variables normales locales pour écrire finalement l'énergie sous la forme $e = e(\chi, s)$.

Premier principe

Pour un système de points matériels occupant un volume d'un milieu continu à l'instant t, le premier principe s'énonce sous la forme classique précédente

$$\dot{E} + \dot{C} = P_e + P_{cal}$$

dans laquelle E désigne l'énergie interne, C l'énergie cinétique, P_e désigne la puissance des efforts extérieurs, P_{cal} la puissance calorifique reçue. On a

$$E = \int_\Omega \rho e d\Omega, \qquad C = \int_\Omega \frac{1}{2}\rho\nu^2 \, d\Omega,$$

$$P_{cal} = \frac{d'Q}{dt} = -\int_{\partial\Omega} q \cdot n \, da$$

$$P_e = \frac{d'W_e}{dt} = \int_\Omega \rho g \cdot \nu \, d\Omega + \int_{\partial\Omega} r \cdot \nu \, da$$

où on a noté $d'Q$ la quantité de chaleur élémentaire reçue de l'extérieur, $d'W_e$ la quantité de travail mécanique, r, g les forces extérieures surfacique et massiques. On peut aussi simplifier l'expression du premier principe à l'aide du bilan d'énergie mécanique. Comme on a d'après le bilan d'énergie mécanique

$$P_e = \dot{C} + \int_\Omega \sigma : \dot{\varepsilon} \, d\Omega,$$

où σ désigne le tenseur des contraintes de Cauchy et $\dot{\varepsilon}$ le taux de déformation.

Le bilan du premier principe s'écrit aussi

$$\int_\Omega (\rho\dot{e} - \sigma : \dot{\varepsilon} + divq) \, d\Omega = 0 \quad \forall\Omega$$

Le premier principe s'énonce donc aussi sous la forme d'une équation locale dite équation d'énergie

$$\rho\dot{e} = \sigma : \dot{\varepsilon} - divq \tag{3.1}$$

Second principe

L'inégalité du second principe se généralise immédiatement pour un milieu continu sous la forme

$$\int_\Omega \rho \dot{s} d\Omega + \int_{\partial\Omega} \frac{1}{T} q \cdot n da \geq 0$$

Il en résulte que

$$\int_\Omega \left(\rho \dot{s} + div \frac{q}{T} \right) d\Omega \geq 0 \qquad \forall \Omega$$

soit l'inégalité locale suivante

$$\rho \dot{s} + \frac{1}{T} div q - \frac{q \cdot \nabla T}{T^2} \geq 0$$

Si l'on élimine $div q$ en multipliant cette dernière équation par T et en utilisant l'équation de l'énergie, on obtient l'inégalité de Clausius Duhem

$$T s_{in} = \sigma : \dot{\varepsilon} - \rho(\dot{e} - T\dot{s}) - \frac{q}{T} \cdot \nabla T \geq 0$$

Dans cette expression, la quantité

$$d_{in} = \sigma : \dot{\varepsilon} - \rho(\dot{e} - T\dot{s}) = \sigma : \dot{\varepsilon} - \rho(\dot{w} + s\dot{T})$$

représente la dissipation intrinsèque volumique. On a noté $w = e - Ts$ l'énergie libre spécifique. Cette expression de la puissance dissipée est conforme au premier principe donnée car

$$D_{in} = \int_\Omega d_{in}\, d\Omega = \int_\Omega \rho T \dot{s}\, d\Omega - P_{cal}$$

La quantité

$$d_{th} = -\frac{q}{T} \cdot \nabla T$$

est la dissipation thermique volumique. Par définition, $T s_{in} = d_{in} + d_{th}$ est la dissipation volumique. La dissipation n'est autre que la vitesse de production intérieure d'entropie multipliée par T [Nguyen, 2000]. Elle est le produit de dualité des forces dissipatives avec des flux, les forces dissipatives étant les forces thermodynamiques multipliées par T. On postule souvent que l'on a d'une façon séparée les inégalités

$$d_{in} \geq 0 \qquad d_{th} \geq 0$$

qui assurent une vitesse de production intérieure d'entropie non négative en chaque point du milieu continu.

Méthode des deux potentiels

La méthode de deux potentiels repose sur le postulat de l'état local. Ce dernier considère que l'état thermodynamique d'un point matériel est complètement défini à un instant donné par la donnée en ce point et à cet instant des valeurs d'un ensemble fini de variables indépendantes. Ces variables sont appelées "variables d'état" ou "variables thermodynamiques".

Dans le cadre de ce chapitre, l'ensemble des variables d'état inclut le tenseur de déformation macroscopique ε, la température T, ainsi que des variables internes α décrivant respectivement des phénomènes dissipatifs. La méthode des deux potentiels consiste à dériver les lois de comportement d'un matériau à partir des expressions d'une énergie libre w et d'un potentiel de dissipation (ou pseudo-potentiel de dissipation) $\mathcal{D}$. w est fonction de l'ensemble des variables d'état, c'est-à-dire :

$$w = W(\varepsilon, T, \alpha)$$

tandis que $\mathcal{D}$ est une fonction des variables dissipatives α et de leurs dérivées $\dot{\alpha}$. Le pseudo-potentiel $\mathcal{D}$ est non négatif, convexe par rapport à $\dot{\alpha}$, semi-continu inférieurement et nul en $\dot{\alpha} = 0$. Les lois comportements complémentaires relatives aux potentiels s'expriment par la propriété de normalité (ou dissipative normale) [Moumni, 1995], [Lemaitre et Chaboche, 1996], [Nguyen, 2000], [Maitournam, 2010]. Comme il sera rappelé plus tard, ces propriétés de $\mathcal{D}$ permettent de définir facilement des lois d'évolution qui satisfont automatiquement le deuxième principe de la thermodynamique.

Une loi de comportement doit vérifier les principes de la thermodynamique. Si w est la densité d'énergie en un point matériel donné, σ est le tenseur de contrainte de Cauchy et s la densité d'entropie, l'inégalité de Clausius-Duhem traduisant le deuxième principe s'écrit :

$$\sigma : \dot{\varepsilon} - \rho(s\dot{T} + \dot{w}) \geq 0 \qquad (3.2)$$

ce qui donne, après développement

$$\left(\sigma - \rho\frac{\partial w}{\partial \varepsilon}\right) : \dot{\varepsilon} - \rho\left(s + \frac{\partial w}{\partial T}\right)\dot{T} - \rho\frac{\partial w}{\partial \alpha} \cdot \dot{\alpha} \geq 0 \qquad \forall(\dot{\alpha}, \dot{T}, \dot{\varepsilon}) \qquad (3.3)$$

En supposant que :

- w dépend uniquement de la température T et des variables ε, α ,
- l'énergie interne e dépend uniquement de la densité d'entropie s et des variables ε, α.

En faisant par ailleurs l'hypothèse que $(\sigma - \rho \dfrac{\partial w}{\partial \varepsilon}), \rho \dfrac{\partial w}{\partial \alpha}$ sont indépendantes de $\dot{\varepsilon}, \dot{\alpha}$, on déduit de l'équation (3.3) les lois d'état :

$$\sigma = \rho \frac{\partial w}{\partial \varepsilon} \tag{3.4}$$

Si on note $\mathcal{A}$ la quantité $-\dfrac{\partial w}{\partial \alpha}$, l'inégalité (3.2) se réduit à :

$$\mathcal{A} \cdot \dot{\alpha} \geq 0 \tag{3.5}$$

Le comportement du matériau est complètement défini par l'adjonction de lois complémentaires liant les variations des variables dissipatives α aux forces thermodynamiques associées $\mathcal{A}$ et ces relations doivent vérifier l'inégalité (3.5). L'adoption du formalisme des matériaux standards généralisés [Halphen et Nguyen, 1974] fondée sur l'hypothèse du mécanisme dissipatif normal est un moyen d'assurer le respect de l'inégalité de Clausius-Duhem exprimant le second principe.

Un mécanisme dissipatif normal est défini en supposant l'existence d'une fonction $\mathcal{D}(\alpha, \dot{\alpha})$, définie pour tout $\dot{\alpha}$, semi continue inférieurement, non négative, convexe par rapport à $\dot{\alpha}$ et nulle en $\dot{\alpha} = 0$. La force généralisée A est choisie comme un sous-gradient de $\mathcal{D}$ par rapport à $\dot{\alpha}$:

$$\mathcal{A} \in \partial_{\dot{\alpha}} \mathcal{D} \tag{3.6}$$

La fonction duale $\mathcal{D}^*$ obtenue par la transformée de Legendre-Fenchel de $\mathcal{D}$ définie par

$$\mathcal{D}^* = \sup_{\dot{\alpha}} (\mathcal{A} \cdot \dot{\alpha} - \mathcal{D})$$

est aussi une fonction convexe, positive et nulle pour $\mathcal{A} = 0$. On a les équivalences suivantes :

$$\mathcal{A} \in \partial_{\dot{\alpha}} \mathcal{D} \Leftrightarrow \dot{\alpha} \in \partial_A \mathcal{D}^* \Leftrightarrow \mathcal{A} \cdot \dot{\alpha} = \mathcal{D} + \mathcal{D}^*$$

$\mathcal{D}$ et $\mathcal{D}^*$ étant positifs, la positivité de la dissipation est donc assurée. L'inégalité de Clausius-Duhem est automatiquement vérifiée.

Finalement, le potentiel $\mathcal{D}(\alpha, \dot{\alpha})$, fonction éventuelle de l'état, définit le comportement irréversible du matériau alors que le comportement réversible est défini par le potentiel thermodynamique w. Les équations (3.4) et (3.6) traduisent la loi de comportement suivant la méthode des deux potentiels.

Matériaux standards généralisés

Un matériau est dit standard généralisé si son comportement mécanique peut être défini par deux potentiels :

- une énergie libre spécifique w (de Helmholtz par exemple) dépendant des variables d'état actuelles (ε, α, T) ; elle permet de définir les lois d'état donnant les forces thermodynamiques associées aux variables d'état :

$$\sigma^{rev} = \rho\frac{\partial w(\varepsilon, \alpha, T)}{\partial \varepsilon}; \mathcal{A} = -\rho\frac{\partial w(\varepsilon, \alpha, T)}{\partial \alpha}; s = -\frac{\partial w(\varepsilon, \alpha, T)}{\partial T}$$

- un pseudo-potentiel de dissipation $\mathcal{D}$ fonction des flux $\dot{X} = (\dot{\varepsilon}, \dot{\alpha})$ et éventuellement des variables d'état ; il permet de définir les lois complémentaire reliant les flux aux forces thermodynamiques par la relation :

$$(\sigma^{irr}, \mathcal{A}) \in \partial_{(\dot{\varepsilon}, \dot{\alpha})}\mathcal{D}(\dot{\varepsilon}, \dot{\alpha}, \varepsilon, \alpha, T)$$

qui s'écrit dans le cas d'un potentiel de dissipation $\mathcal{D}$ différentiable :

$$\sigma^{irr} = \frac{\partial \mathcal{D}(\dot{\varepsilon}, \dot{\alpha}, \varepsilon, \alpha, T)}{\partial \dot{\varepsilon}}; \mathcal{A} = \frac{\partial \mathcal{D}(\dot{\varepsilon}, \dot{\alpha}, \varepsilon, \alpha, T)}{\partial \dot{\alpha}}$$

Ce potentiel est supposé convexe par rapport aux flux $(\dot{\varepsilon}, \dot{\alpha})$ et minimum en $(\dot{\varepsilon} = 0; \dot{\alpha} = 0)$. Les matériaux standard généralisés ont été définis par Halphen et Nguyen QS [Halphen et Nguyen, 1975].

3.1.2 Modèles usuels de solide - Lois de comportement

L'identification des variables d'état pour un solide est un problème souvent délicat. Selon la nature des matériaux étudiés, de nombreux modèles ont été proposés. L'énergie libre dépend au moins de la déformation et de la température. D'autres variables physico-chimiques pourraient aussi intervenir dans le processus de déformation, elles sont qualifiées de paramètres internes ou paramètres cachés. L'intervention des paramètres internes est tout à fait naturelle. Ils ont souvent une signification physique précise : concentration des constituants dans un mélange, indice des vides dans le sol, degré d'humidité dans le bois... Ces paramètres varient au cours de la déformation et contribuent souvent au comportement réversible ou irréversible du matériau. Ils interviennent par conséquent dans l'expression de l'énergie comme dans la dissipation. On postule alors qu'il est toujours possible de trouver un système de variables d'état normales (ε, α, T) où α désigne un ensemble de paramètres internes.

3.1.2.1 Cas d'une évolution quasi-statique réversible

Considérons d'abord une évolution thermomécanique réversible, quasi-statique. La dissipation totale est nulle. Le flux de chaleur est soit nul, soit connu. Les variables internes n'évoluent pas et gardent leurs valeurs initiales. Leurs forces thermodynamiques associées sont donc déduites directement du potentiel thermodynamique.

Solides élastiques

Un solide est élastique si la déformation et la température forment un système de variables normales et le matériau est réversible. D'après cette définition, l'énergie libre $w = W(\varepsilon, T)$ doit vérifier la relation

$$d_{in} = \sigma : \dot{\varepsilon} - \rho \frac{\partial w}{\partial \varepsilon} \dot{\varepsilon} = \sigma^{rev} : \dot{\varepsilon} - \rho \frac{\partial w}{\partial \varepsilon} : \dot{\varepsilon} = 0 \qquad \forall \dot{\varepsilon}$$

de sorte que l'on a

$$\sigma^{rev} = \rho \frac{\partial w(\varepsilon, T)}{\partial \varepsilon}$$

Il existe alors une relation biunivoque entre la contrainte et la déformation pour les matériaux élastiques à une température donnée.

3.1.2.2 Cas d'une évolution irréversible

Lorsque l'évolution est irréversible, aux inconnues précédentes se rajoutent : les flux de chaleur, les variables internes, les contraintes irréversibles, les forces thermodynamiques irréversibles. Étant donné que l'on ne dispose que des équations d'état sur les variables internes comme équations supplémentaires, il faut trouver d'autres lois gouvernant l'évolution des variables internes, ce sont les lois complémentaires. Elles doivent permettre de définir les taux d'évolution des variables internes en fonction des forces thermodynamiques irréversibles et des variables d'état en respectant l'inégalité de Clausius-Duhem (ou les inégalités de la dissipation).

Lois de comportement viscoélastique et viscoplastique

On s'intéresse aux matériaux solides dont la réponse à un trajet de sollicitation mécanique (en effort ou en déformation) dépend de la vitesse de parcours de ce trajet. Cette caractéristique peut être mise en évidence par les essais uniaxiaux suivants.

– Tractions simples à différentes vitesses. Lors des essais de traction simple effectués à des vitesses de sollicitation croissantes, on obtient des courbes " contrainte-déformation " de plus en plus raides pour des vitesses croissantes

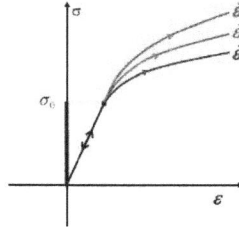

FIGURE 3.1 : *Traction simples à différentes vitesses de déformation (matériau viscoélastique)*

– Fluage. Lorsqu'on applique rapidement un effort que l'on maintient constant, on observe, si l'effort est suffisamment important, que la déformation continue à augmenter pour tendre éventuellement vers une limite. Il s'agit du phénomène de déformation différée ou de fluage.

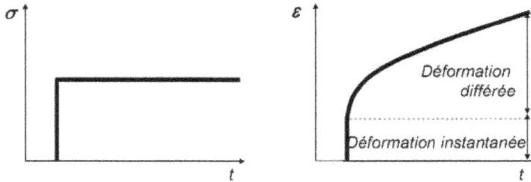

FIGURE 3.2 : *Essai de fluage : On applique rapidement un effort qui maintenu constant*

– Relaxation. En imposant rapidement un déplacement que l'on maintient constant, on observe une diminution progressive de l'effort à appliquer : c'est le phénomène de relaxation. La valeur limite de l'effort appliqué peut être nulle ou non.
– Recouvrance. On impose rapidement un effort que l'on maintient constant pendant un certain temps, puis on le ramène rapidement à zéro. On observe, alors que l'effort est remis à zéro, que le déplacement diminue progressivement pour tendre vers une valeur limite : il s'agit du phénomène de recouvrance.

Comportement viscoélastique

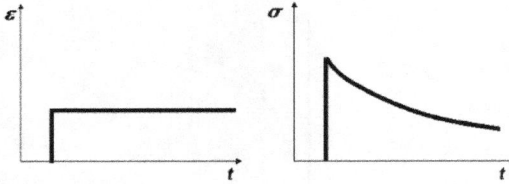

FIGURE 3.3 : *Essai de relaxation : on applique rapidement un déplacement qui est maintenu constant*

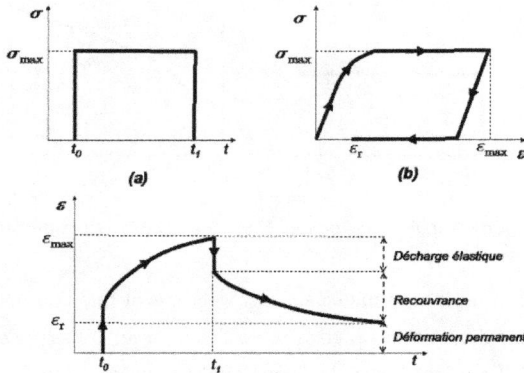

FIGURE 3.4 : *Essai de recouvrance : on applique rapidement un effort maintenu constant, puis ramené brutalement à zéro*

Un comportement visqueux est obtenu lorsque les forces dissipatives s'expriment comme une fonction régulière des flux [Nguyen, 2000]. D'une façon générale, si $w = W(\varepsilon, T, \alpha)$ est l'énergie libre spécifique, les forces associées aux variables d'état sont

$$\sigma^{rev} = \rho \frac{\partial w}{\partial \varepsilon} \qquad \mathcal{A} = -\rho \frac{\partial w}{\partial \alpha}$$

En notant $\sigma = \sigma^{rev} + \sigma^{irr}$, la dissipation intrinsèque se réduit à

$$d_{in} = \sigma^{irr} : \dot{\varepsilon} + \mathcal{A} \cdot \dot{\alpha}$$

La loi de comportement visqueux d'un solide viscoélastique est complètement déterminée par les relations entre les vitesses et les forces dissipatives associées $\sigma^{irr}, \mathcal{A}$. On voit que la déformation comme les modifications de l'état interne sont des éventuels mécanismes dissipatifs. Ces relations dérivent d'un potentiel de dissipation $\mathcal{D}$ lorsqu'elles s'écrivent sous la forme

$$\sigma^{irr} = \frac{\partial \mathcal{D}}{\partial \dot{\varepsilon}} \qquad \mathcal{A} = \frac{\partial \mathcal{D}}{\partial \dot{\alpha}} \tag{3.7}$$

où la fonction $\mathcal{D}(\dot{\varepsilon}, \dot{\alpha})$ dépend aussi de l'état actuel (ε, T, α).

De nombreux modèles rhéologiques ont été développés dans la littérature pour décrire le comportement viscoélastique. Les modèles les plus simples mettent en jeu un ressort de module E placé en série ou en parallèle avec un amortisseur de viscosité η (modèle de Kelvin-Voigt et de Maxwell, respectivement) (figure 3.5)

FIGURE 3.5 : *Modèles rhéologiques simples de Kelvin-Voigt et de Maxwell*

Les modèles rhéologiques considérés sont représentés sur la figure 3.5 : Les variables d'état sont la déformation totale ε et la déformation visqueuse ε^v ; le potentiel de dissipation est $\mathcal{D}(\dot{\varepsilon^v}) = \frac{1}{2}\eta(\dot{\varepsilon^v})^2$ car la contrainte de l'amortisseur est $\eta\dot{\varepsilon^v}$.

Comportement viscoplastique

Certaines structures comme les moteurs de voitures, les turbo-réacteurs ou les cuves des centrales nucléaires fonctionnent dans des gammes de température pour lesquelles les matériaux utilisés sont susceptibles de présenter des déformations irréversibles et différées (plasticité, fluage, relaxation, etc.), en somme d'avoir un comportement viscoplastique. On se place dans le cadre standard généralisé. Le comportement viscoplastique est supposé isotherme et décrit par les variables d'état cinématiques (ε, α). Il est alors défini par la donnée de :

- l'énergie libre de Helmholtz $\rho w(\varepsilon, \alpha)$ strictement convexe.
- le potentiel dual de dissipation $\mathcal{D}^*(\sigma, A, \varepsilon, \alpha)$ continûment dérivable, convexe (alors qu'il est strictement convexe en viscoélastique) et minimum en $(\sigma, \mathcal{A}) = (0,0)$, ce qui assure la positivité de la dissipation intrinsèque.

La dernière propriété revient à dire que le potentiel de dissipation $\mathcal{D}(\dot{\varepsilon}, \dot{\alpha}, \varepsilon, \alpha)$ est strictement convexe et minimum en $(\dot{\varepsilon}, \dot{\alpha}) = (0,0)$. Les lois complémentaires s'écrivent :

$$\sigma^{irr} = \frac{\partial \mathcal{D}(\dot{\varepsilon}, \dot{\alpha}, \varepsilon, \alpha, T)}{\partial \dot{\varepsilon}} \qquad A = \frac{\partial \mathcal{D}(\dot{\varepsilon}, \dot{\alpha}, \varepsilon, \alpha, T)}{\partial \dot{\alpha}}$$

Le potentiel dual $\mathcal{D}^*(\sigma^{irr}, \mathcal{A}, \varepsilon, \alpha)$ défini par la transformée de Legendre-Fenchel de $\mathcal{D}$ sur les variables $(\dot{\varepsilon}, \dot{\alpha})$ donne :

$$\dot{\varepsilon} = \frac{\mathcal{D}^*(\sigma^{irr}, \mathcal{A}, \varepsilon, \alpha)}{\partial \sigma^{irr}} \qquad \dot{\alpha} = \frac{\partial \mathcal{D}^*(\sigma^{irr}, \mathcal{A}, \varepsilon, \alpha)}{\partial \mathcal{A}}$$

Le modèle rhéologique correspondant est représenté sur la figure 3.6. Il comprend un ressort de raideur E en série avec un ensemble constitué d'un patin de seuil σ_y, $(\sigma_y > 0)$ en parallèle avec un amortisseur de viscosité η, $(\eta > 0)$.

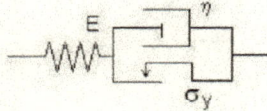

FIGURE 3.6 : *Modèles rhéologiques simples de Bingham*

Les variables d'état sont la déformation totale ε et la déformation viscoplastique ε^{vp} et le potentiel de dissipation suivant :

$$\mathcal{D}(\varepsilon^{vp}) = \sigma_y \|\varepsilon^{vp}\| + \frac{1}{2}\eta(\varepsilon^{vp})^2 \qquad (3.8)$$

Le potentiel dual de dissipation est défini par : $\mathcal{D}^*(\sigma) = \frac{1}{2}(|\sigma| - \sigma_y)^2$ et on en déduit :

$$\varepsilon^{vp} = \frac{sign(\sigma)\langle |\sigma| - \sigma_y \rangle}{\eta} \qquad (3.9)$$

3.2 Mécanique de l'endommagement

L'endommagement est un phénomène irréversible au même titre que la déformation visqueuse ou plastique. Il est donc utile de rappeler dans un premier temps la théorie des matériaux standards généralisés, étendue pour inclure les modèles à gradient.

3.2.1 Rappels sur les matériaux standards à gradient

La réponse thermo-mécanique d'un solide endommageable Ω dans une configuration de référence est décrite par les champs de déplacement u, de la température T et de paramètres internes χ. Les paramètres internes comprennent toutes les variables d'état modélisant les mécanismes irréversibles du matériau tels que les déformations plastiques ou les paramètres d'endommagement ou de proportions de phase. Les modèles à gradient standards pour le paramètre d'endommagement supposent que l'ensemble des variables d'état $(\nabla u, \chi, \nabla \chi, T)$ est nécessaire et suffisant pour décrire le comportement du matériau et que les équations constitutives peuvent être données de la manière suivante (*cf.* Fremond, Gurtin, ...) dans une transformation isotherme.

3.2.1.1 Forces généralisées et équation des puissances virtuelles

Le principe des puissances virtuelles fondé sur ce choix conduit à un nouvel ensemble d'équations du mouvement. La thermodynamique des milieux continus [Germain *et al.*, 1983], [Lemaitre et Chaboche, 1996] donne des lois de comportement nécessaires à partir des choix convenables d'une énergie libre w et d'un pseudo-potentiel de dissipation $\mathcal{D}$.

Dans cette partie, nous allons détailler les idées et les conséquences de ces choix pour fonder le cadre théorique au premier gradient de l'endommagement.

La grandeur χ est susceptible d'évoluer sans mouvement macroscopique suite notamment à des actions physico-chimiques extérieures (telles que l'irradiation), capables de briser des liaisons chimiques et de dégrader le matériau. Elle contribue à la puissance des efforts intérieurs, par exemple par un premier terme $-X\dot{\chi}$ et un second $-Y\nabla\dot{\chi}$ qui se rajoutent au terme habituel $(-\sigma, \vec{\nabla}u)$.

La puissance des efforts intérieurs P_i prend alors en compte les mouvements microscopiques dans un domaine Ω :

$$P_i = -\int_\Omega (\sigma : \vec{\nabla}u)d\Omega - \int_\Omega \left(X\frac{d\chi}{dt} + Y\frac{d\nabla\chi}{dt} \right) d\Omega \qquad (3.10)$$

Deux termes nouveaux apparaissent, X, le travail d'endommagement interne, et Y, le vecteur flux de travail d'endommagement interne.

Avec le choix fait pour la puissance des efforts intérieurs, nous choisissons une forme générale de la puissance des efforts extérieurs P_e comme suit :

$$P_e = \int_\Omega (f_{vu} \cdot u)d\Omega + \int_{\partial\Omega} (f_{su} \cdot u)d\Gamma + \int_\Omega f_{v\chi}\frac{d\chi}{dt}d\Omega + \int_{\partial\Omega} f_{s\chi}\frac{d\chi}{dt}d\Gamma \qquad (3.11)$$

où u est le vecteur vitesse macroscopique, f_{vu} est le vecteur des densités volumiques de forces extérieures, f_{su} est le vecteur des densités surfaciques de forces extérieures sur la frontière $\partial\Omega$. Les deux quantités non classiques $f_{v\chi}$ et $f_{s\chi}$ sont respectivement des sources extérieures de travail d'endommagement volumique et surfacique qui ne sont pas dues aux effets mécaniques et sont nuls dans ce mémoire.

En évolution quasi statique, le principe des puissances virtuelles s'écrit donc :

$$P_i + P_e = 0$$

Avec les choix faits pour les puissances dans (3.10) et (3.11), en écriture locale, le principe des puissances virtuelles conduit à deux systèmes d'équations :

Les équations d'équilibre mécanique portant sur les contraintes :

$$\begin{cases} div\sigma + f_{vu} = 0 & dans \quad \Omega \\ \sigma \cdot n = f_{su} & sur \quad \partial\Omega_f \end{cases} \qquad (3.12)$$

et les équations suivantes d'équilibre constitutifs portant sur le paramètre d'endommagement après intégration par parties

$$\begin{cases} divY - X + f_{v\chi} = 0 & dans \quad \Omega \\ Y \cdot n = f_{s\chi} & sur \quad \partial\Omega \end{cases} \qquad (3.13)$$

où n est la normale extérieure à la frontière $\partial\Omega$.

Ces équations sont faciles à comprendre lorsque χ est un micro-déplacement, X est alors une force volumique interne et Y est une micro-contrainte dans le même esprit que la contrainte σ.

3.2.1.2 Énergie et potentiel de dissipation

Les modèles standards à gradient supposent également qu'il existe un potentiel d'énergie w et un potentiel de dissipation $\mathcal{D}$ pour le volume de référence selon les équations suivantes

$$
\begin{cases}
w = w(\nabla u, \chi, \nabla \chi), \quad \mathcal{D} = \mathcal{D}(\dot{\nabla} u, \dot{\chi}, \nabla \dot{\chi}, \chi) \\
\sigma = \sigma_e + \sigma_d, \quad \sigma_e = w,_{\nabla u}, \quad \sigma_d = \mathcal{D},_{\nabla \dot{u}} \\
X = X_e + X_d, \quad X_e = w,_\chi, \quad X_d = \mathcal{D},_{\dot{\chi}} \\
Y = Y_e + Y_d, \quad Y_e = w,_{\nabla \chi}, \quad Y_d = \mathcal{D},_{\nabla \dot{\chi}}
\end{cases}
\tag{3.14}
$$

Les potentiels w et $\mathcal{D}$ sont des fonctions régulières de leur arguments et le potentiel de dissipation est supposé être dépendant de l'état via la valeur actuelle de ∇u, χ. Les relations $X_d = \mathcal{D},_{\dot{\chi}}$ et $Y_d = \mathcal{D},_{\nabla \dot{\chi}}$ décrivent un comportement dépendant du temps des matériaux et sont généralement discutés dans la visco-élasticité, visco-plasticité, dans le changement de phase comme en mécanique de l'endommagement.

Le cas des potentiels de dissipation convexes, mais non réguliers est également intéressant en Mécanique des Solides. Par exemple, $\mathcal{D}$ est un convexe, positivement homogène de degré un des processus indépendantes du temps tels que le frottement, la plasticité, la rupture fragile et l'endommagement fragile. Dans ce cas, les relations entre forces dissipatives et flux (3.14) seront examinées plus loin.

3.2.1.3 Equations gouvernantes

De plus, en termes des deux potentiels les équations principales (3.12)(3.13)(3.14) de modèle gradient standard sont régularisées pour les inconnues u, χ :

$$
\begin{cases}
\nabla \cdot (w,_{\nabla u} + \mathcal{D},_{\nabla \dot{u}}) + f_{vu} = \rho \ddot{u} & \text{dans } \Omega \\
(w,_{\nabla u} + \mathcal{D},_{\nabla \dot{u}}) \cdot n = f_{su} & \text{sur } \partial\Omega_f \\
\nabla \cdot (w,_{\nabla \chi} + \mathcal{D},_{\nabla \dot{\chi}}) - w,_\chi - \mathcal{D},_{\dot{\chi}} + f_{v\chi} = 0 & \text{dans } \Omega \\
(w,_{\nabla \chi} + \mathcal{D},_{\nabla \dot{\chi}}) \cdot n = f_{s\chi} & \text{sur } \partial\Omega
\end{cases}
\tag{3.15}
$$

Ces équations décrivent la réponse du solide à partir d'une position initiale et d'une vitesse initiale. Les forces $f_{v\chi}$ et $f_{s\chi}$ apparaissent comme des données physiques. Dans cet esprit, la condition $f_{v\chi} = 0$ et $f_{s\chi} = 0$ a été notée comme la condition constitutive d'isolation suivant une terminologie due à Polizzotto [Polizzotto, 2003]. La réponse d'un solide en condition d'isolation a été discutée par plusieurs auteurs cf. [Frémond, 1985], [Forest *et al.*, 2000], [Polizzotto, 2003], [Lorentz et Andrieux, 2003]

3.2.1.4 Considération thermodynamique

En fait, ces équations peuvent également être obtenues d'une autre façon, sans aucune hypothèse sur l'équation de travail virtuel étendu. En effet, il est établi dans cette sec-

---

3.2 *Mécanique de l'endommagement*

tion que les équations du mouvement (3.15) peuvent aussi être obtenues directement à partir du formalisme des matériaux standards généralisés [Halphen et Nguyen, 1975]. Ce formalisme exprime que les forces dissipatives qui sont obtenues à partir de l'expression de la dissipation, sont également dérivées du potentiel de dissipation. L'expression de la dissipation peut être obtenue dans les détails de la production d'entropie du solide dans une analyse thermodynamique, [Polizzotto, 2003], [Nguyen, 2000]. Pour des raisons de clarté, seule une analyse purement mécanique est donnée ici :

Le solide Ω admet les potentiels d'énergie et de dissipation :

$$\mathbf{W}(\mathbf{U}) = \int_\Omega w(\nabla u, \chi, \nabla \chi)\, d\Omega \quad , \quad \mathbf{D}(\dot{\mathbf{U}}, \mathbf{U}) = \int_\Omega \mathcal{D}(\dot{\chi}, \nabla\dot{\chi}, \chi)\, d\Omega \tag{3.16}$$

où $\mathbf{U} = (\mathbf{u}, \chi)$ désigne les champs de déplacement et de paramètre interne. Sous les forces appliquées [1]

$$\mathbf{F} \cdot \delta\mathbf{U} = \int_\Omega f_{vu} \cdot \delta u\, d\Omega + \int_{\partial\Omega} f_{su} \cdot \delta u\, da \tag{3.17}$$

et la condition d'isolation, la dissipation de la matière solide est par définition la partie irrécupérable de l'énergie reçue par unité de temps

$$\mathcal{D}_\Omega = \mathbf{F} \cdot \dot{\mathbf{U}} - \frac{d}{dt}(\mathbf{W}(\mathbf{U}) + \mathbf{K_t}) \tag{3.18}$$

où $\mathbf{K_t} = \int_\Omega \frac{\rho}{2}\dot{u}^2\, d\Omega$ désigne l'énergie cinétique. En tenant compte des principes thermodynamiques, il s'ensuit que

$$\mathcal{D}_\Omega = \int_\Omega ((\sigma - w_{,\nabla u}) : \nabla\dot{u} - w_{,\chi}\cdot\dot{\chi} - w_{,\nabla\chi}\cdot\nabla\dot{\chi})\, d\Omega \geq 0 \tag{3.19}$$

La dissipation $\mathcal{D}_\Omega$ est un produit des forces et des flux. Pour n'importe quelle variation des flux de $(\delta\mathbf{u}, \delta\chi)$ définie sur Ω, la puissance de la force dissipative $\mathbf{F_d}$ est

$$\mathbf{F_d} \cdot \delta\mathbf{U} = \int_\Omega ((\sigma - w_{,\nabla u}) : \nabla\delta u - w_{,\chi}\cdot\delta\chi - w_{,\nabla\chi}\cdot\nabla\delta\chi)\, d\Omega \tag{3.20}$$

Le formalisme standard généralisé consiste à admettre que

$$\mathbf{F_d} \cdot \delta\mathbf{U} = \mathbf{D_{,\dot{U}}} \cdot \delta\mathbf{U} \quad \forall\ \delta\mathbf{U} \tag{3.21}$$

Donc

$$\begin{cases} \int_\Omega (\mathcal{D}_{,\nabla\dot{u}}\cdot\nabla\delta u + (\mathcal{D}_{,\dot{\chi}} - \nabla\cdot\mathcal{D}_{,\nabla\dot{\chi}})\cdot \delta\chi)\, d\Omega + \int_{\partial\Omega} n\cdot\mathcal{D}_{,\nabla\dot{\chi}}\cdot\delta\chi\, da \\ = \int_\Omega ((\sigma - w_{,\nabla u}) : \nabla\delta u - (w_{,\chi} - \nabla\cdot w_{,\nabla\chi})\cdot \delta\chi)\, d\Omega - \int_{\partial\Omega} n\cdot w_{,\nabla\chi}\cdot\delta\chi\, da \quad \forall\ \delta u, \delta\chi \end{cases} \tag{3.22}$$

---

1. Les caractères gras majuscules **d** ou **u** font référence aux champs, tandis que les lettres normales D et U se rapportent à des valeurs locales.

Il s'ensuit que

$$
\begin{cases}
\nabla \cdot (\sigma - w,_{\nabla u} -\mathcal{D},_{\nabla \dot{u}}) = 0 \\
w,_{\chi} -\nabla \cdot w,_{\nabla \chi} +\mathcal{D},_{\dot{\chi}} -\nabla \cdot \mathcal{D},_{\nabla \dot{\chi}} = 0, \quad \text{dans } \Omega \\
(\sigma - w,_{\nabla u} -\mathcal{D},_{\nabla \dot{u}}) \cdot n = 0 \\
(w,_{\nabla \chi} +\mathcal{D},_{\nabla \dot{\chi}}) \cdot n = 0, \qquad\qquad \text{sur } \partial\Omega
\end{cases}
\tag{3.23}
$$

Il est alors clair que les équations du mouvement (3.15) sont récupérées.

3.2.2 Formulation de base

Les modèles d'endommagement à gradient ont été considérés depuis les travaux de Frémond et al. [Frémond et Nedjar, 1996]. Ces travaux ont traité principalement le cas d'isolation $f_{v\chi} = 0$ et $f_{s\chi} = 0$ en raison de la difficulté à définir physiquement ces actions.

Dans la plupart des modèles usuels, le potentiel de dissipation est une fonction convexe de $\dot{\chi}$ et ne dépend pas de $\dot{\varepsilon}$ ou $\nabla\dot{\chi}$. Il peut être cependant dépendant de l'état via la valeur actuelle des variables d'état (ε, χ, T).

Dans ce cas, la dissipation se réduit à :

$$
\mathcal{D}_{\Omega} = \int_{\Omega} \mathcal{A} \cdot \dot{\chi} \, d\Omega \quad \text{avec} \quad \mathcal{A} = -\frac{\partial w}{\partial \chi}
\tag{3.24}
$$

$\mathcal{A}$ est souvent appelée la force thermodynamique associée à l'endommagement.

Comme le potentiel de dissipation est une fonction convexe de $\dot{\chi}$, il est intéressant d'introduire comme en visco-plasticité, le potentiel dual obtenu par la transformation de Legendre-Fenchel

$$
\mathcal{D}^*(\mathcal{A}) = \max_{\delta\chi} \quad \mathcal{A} \cdot \delta\chi - \mathcal{D}(\delta\chi)
$$

pour écrire la loi d'évolution sous une forme plus explicite :

$$
\dot{\chi} = \mathcal{D}^*,_{\mathcal{A}} (\mathcal{A})
$$

Inversement, le potentiel de dissipation est récupéré à partir du potentiel dual par la même transformation

$$
D(\dot{\chi}) = \max_{\mathcal{A}^*} \quad \mathcal{A}^* \cdot \dot{\chi} - \mathcal{D}^*(\mathcal{A})
$$

Par exemple, en visco-élasticité, le modèle classique de Maxwell utilise la variable interne $\chi = \varepsilon^v$ (la déformation visqueuse), l'énergie libre et la dissipation duale :

$$
w(\varepsilon, \varepsilon^v) = \frac{1}{2}(\varepsilon - \varepsilon^v) : L : (\varepsilon - \varepsilon^v) \quad , \quad \mathcal{D}^*(\mathcal{A}) = \frac{\xi}{2} \, \mathcal{A}^2
$$

ce qui conduit à un comportement dépendant du temps (ou visqueux)

$$\sigma = L : (\varepsilon - \varepsilon^v) = \mathcal{A} \quad , \quad \dot{\varepsilon}^v = \xi \, \mathcal{A}$$

Dans ces modèles, les équations pour un solide sont réduites à :

$$
\begin{cases}
\sigma = w_{,\varepsilon} & \nabla \cdot \sigma + f_{vu} = \rho u_{,tt} \\
\mathcal{A} = -w_{,\chi} + \nabla \cdot w_{,\nabla\chi} & \dot{\chi} = \mathcal{D}^*_{,\mathcal{A}}(\mathcal{A}) \quad \text{dans } \Omega \\
\sigma \cdot n = f_{su} \ \text{ sur } \partial\Omega_f & u = u^d \ \text{ sur } \partial\Omega_u \\
w_{,\nabla\chi} \cdot n = 0 \ \text{ sur } \partial\Omega
\end{cases}
\tag{3.25}
$$

Le potentiel de dissipation peut être une fonction convexe mais non-différentiable. Les comportements indépendants du temps tels que la plasticité ou le frottement sec entrent dans ce cas car ils sont associés à une fonction positivement homogène de degré 1 en $\dot{\chi}$. Dans chacun de ces modèles, les forces thermodynamiques ne sont pas arbitraires, les forces admissibles doivent appartenir à un domaine admissible défini par un critère $f(\mathcal{A}) \leq 0$ où $f(\mathcal{A})$ est une fonction convexe et $\dot{\chi}$ suit la loi de normalité satisfaisant :

$$\dot{\chi} = \Lambda \, f_{,\mathcal{A}} \quad avec \quad \Lambda \geq 0 \ , \ f(\mathcal{A}) \leq 0 \ , \ \Lambda \, f = 0 \tag{3.26}$$

Il est bien connu que le potentiel de dissipation est donné par le principe de dissipation maximale

$$\mathcal{D}(\dot{\chi}) = \max_{f(\mathcal{A}^*) \leq 0} \quad \mathcal{A}^* \cdot \dot{\chi} \tag{3.27}$$

Par exemple, le modèle élasto-plastique à écrouissage cinématique linéaire est considéré ici comme un exemple d'illustration. Dans ce modèle, le paramètre interne est la déformation plastique $\chi = \varepsilon^p$, un tenseur symétrique d'ordre deux avec

$$w = \frac{1}{2}(\varepsilon - \varepsilon^p) : L : (\varepsilon - \varepsilon^p) + \frac{1}{2}\varepsilon^p : H : \varepsilon^p + \frac{1}{2}\nabla\varepsilon^p \cdot C \cdot \nabla\varepsilon^p$$

La force thermodynamique est :

$$\mathcal{A} = -\frac{\partial w}{\partial \varepsilon^p} = \sigma - H : \varepsilon^p + C \cdot \Delta\varepsilon^p$$

En utilisant le critère de Von Mises comme critère plastique et la loi de normalité

$$f = \|\mathcal{A}\| - w_c \leq 0, \qquad \dot{\varepsilon}^p = \Lambda\frac{\partial f}{\partial \mathcal{A}}, \qquad \Lambda \geq 0, \quad f\Lambda = 0$$

le potentiel de dissipation s'écrit $\mathcal{D} = w_c\|\dot{\varepsilon}^p\|$.

Pour un solide élasto-plastique avec écrouissage cinématique, soumis à un trajet de chargement classique en petite transformation quasi-statique à partir d'un état initial donné u_o, ε_o^p, les équations sont

$$
\begin{cases}
\sigma = L : (\varepsilon(u) - \varepsilon^p) \\
\mathcal{A} = \sigma - H : \varepsilon^p + C \cdot \Delta \varepsilon^p \\
\dot{\varepsilon}^p = \Lambda \dfrac{\partial f}{\partial \mathcal{A}}, \quad f(\mathcal{A}) \leq 0, \quad \Lambda \geq 0, \quad f\Lambda = 0 \\
\nabla \cdot \sigma + f_{vu} = 0 \\
\sigma \cdot n = f_{su} \quad \text{sur } \partial \Omega_f \\
u = u_d \quad \text{sur } \partial \Omega_u \\
\varepsilon^p,_n = 0 \quad \text{sur } \partial \Omega
\end{cases}
\tag{3.28}
$$

3.3 Mécanique des solides élastiques endommageables

Dans le cadre habituel, le modèle de solide élastique endommageable utilise un paramètre interne $\chi = d$, un simple nombre décrivant la perte des caractéristiques élastiques, $d = 0$ si le matériel est sain.

$$
\begin{cases}
\sigma = w,_\varepsilon (\varepsilon, d, \nabla d) \qquad \nabla \cdot \sigma + f_{vu} = \rho u,_{tt} \\
\mathcal{A} = -w,_d + \nabla \cdot w,_{\nabla d} \quad \dot{d} = \mathcal{D}^*,_\mathcal{A} (\mathcal{A}) \quad \text{dans } \Omega \\
\sigma \cdot n = f_{su} \quad \text{sur } \partial \Omega_f \quad u = u^d \quad \text{sur } \partial \Omega_u \\
w,_{\nabla d} \cdot n = 0 \quad \text{sur } \partial \Omega
\end{cases}
\tag{3.29}
$$

3.3.1 Modèles élastiques endommageables

3.3.1.1 Modèle de Lemaître et Chaboche

Le premier modèle proposé provient des travaux de Lemaître et Chaboche, cf. (1977). Le paramètre d'endommagement $0 \leq d \leq 1$ vérifie $d = 0$ si aucun endommagement et $d = 1$ en cas d'endommagement complet. La fonction d'énergie libre est donc $w = (1 - d)\dfrac{1}{2}\varepsilon : L_o : \varepsilon$.

$$
\sigma = (1 - d)L_o : \varepsilon \quad , \quad L = (1 - d)L_o
$$

L'existence d'un potentiel de dissipation $\mathcal{D} = \dfrac{1}{2}\xi \dot{d}^2$ par exemple conduit au potentiel dual $\mathcal{D}^*(\mathcal{A}) = \dfrac{1}{2\xi}\mathcal{A}^2$ et à une loi d'évolution visqueuse du taux d'endommagement :

$$
\dot{d} = \dfrac{1}{\xi}\mathcal{A} \quad , \quad \mathcal{A} = -w,_d = \dfrac{1}{2}\varepsilon : L_o : \varepsilon
$$

qui assure que l'endommagement ne peut qu'augmenter car $\dot{d} \geq 0$. Le taux d'endomma-gement évolue alors d'une façon analogue à une déformation visqueuse en visco-élasticité. On peut aussi introduire un seuil de force thermodynamique pour construire des lois d'évolution de l'endommagement dépendantes du temps physique de type visco-plastique ou indépendantes du temps comme en plasticité incrémentale.

3.3.1.2 Modèle de Marigo

Une loi d'évolution indépendante du temps physique est nécessaire pour modéliser l'endommagement fragile. Dans ce cas, un critère de forces admissibles sous la forme d'une inégalité est introduit

$$f(\mathcal{A}, d) \leq 0$$

avec la loi de normalité :

$$\dot{d} = \Lambda f_{,\mathcal{A}} \quad , \quad \Lambda \geq 0 \quad , \quad f \leq 0 \quad , \quad \Lambda\, f = 0$$

Il est bien connu que dans ces conditions, le potentiel de dissipation $\mathcal{D}$ est donné par le principe de dissipation maximale.

$$\mathcal{D}(\dot{d}, d) = \max_{f(\mathcal{A}^*, d) \leq 0} \mathcal{A}^* \, \dot{d}$$

Le modèle de Marigo [Marigo, 1981] correspond aux choix suivants :

$$w(\varepsilon, d) = \frac{1}{2}\, \varepsilon : L(d) : \varepsilon \quad , \quad \mathcal{A} = -w_{,d} \quad , \quad f(\mathcal{A}, d) = \mathcal{A} - k(d) \leq 0 \qquad (3.30)$$

dans lequel $k(d)$ est une fonction croissante.

Puis, à partir de la formule principale (3.30), une formulation qui prend en compte le gradient de l'endommagement est représentée [Pham et Marigo, 2009] :

$$w(\varepsilon, d, \nabla d) = \frac{1}{2} L(d)\varepsilon^2 + w_1(d) + \frac{1}{2} L_o\, l^2 \, \|\nabla d\|^2 \quad d \in [0\ 1]$$

Dans cette équation, $w_1(d)$ peut être interprété comme la densité d'énergie de dissipation, l dénote la longueur caractéristique du matériau qui permettra de régler la taille de la zone de localisation de l'endommagement.

Comme en plasticité, on a alors nécessairement $\Lambda\, \dot{f} = 0$ de sorte que :

$$\dot{d} = \frac{< -L_{,d} : \dot{\varepsilon} >_+}{k' + 1/2\, \varepsilon : L_{,d} : \varepsilon}$$

La notation classique $< a >_-$ et $< a >_+$ désigne respectivement la partie négative et la partie positive d'un nombre a :

$$\begin{cases} < a >_-= 0 & < a >_+= a \quad \text{si} \quad a > 0 \\ < a >_-= a & < a >_+= 0 \quad \text{si} \quad a < 0 \end{cases}$$

Par exemple, si $L(d) = (1 - d)L_o$, la loi d'évolution de l'endommagement s'écrit :

$$\dot{d} = \frac{< L_o : \dot{\varepsilon} >_+}{k'}$$

3.3.1.3 Modèle de Nedjar et Frémond

Leur modèle se base sur une loi d'évolution de type visqueux [Nedjar, 1995]. Ils ont défini la partie positive et la partie négative du tenseur de déformations qui sont obtenues après diagonalisation. On a :

$$\langle \text{tr}[\varepsilon] \rangle = \langle \text{tr}[\varepsilon] \rangle_+ - \langle \text{tr}[\varepsilon] \rangle_- \quad \text{et} \qquad \langle tr[\varepsilon] \rangle_+ \langle tr[\varepsilon] \rangle_- = 0$$

$$\varepsilon = \varepsilon^+ - \varepsilon^- \qquad\qquad\qquad \text{et} \qquad\qquad tr[\varepsilon^+ \cdot \varepsilon^-] = 0$$

$$\frac{1}{2} \frac{\partial \text{tr}[\varepsilon^+ \cdot \varepsilon^+]}{\partial \varepsilon} = \varepsilon^+ \qquad\qquad \frac{1}{2} \frac{\partial (\langle \text{tr}[\varepsilon] \rangle_+)^2}{\partial \varepsilon} = \langle \varepsilon \rangle_+ \mathbb{I}_d$$

Les équations de l'énergie libre et du pseudo-potentiel de dissipation sont les suivantes :

$$\begin{cases} w(\varepsilon, d) = \frac{1}{2}(1 - d)(\lambda(tr[\varepsilon])^2 + 2\mu tr[\varepsilon \cdot \varepsilon]) + d\, w_c + \frac{g}{2}|\nabla d|^2 \\[2mm] \mathcal{D}(\dot{d}) = \frac{1}{2}\xi\dot{d}^2 + \frac{1}{2}\dot{d}\left\{ (\lambda(\langle tr[\varepsilon] \rangle_-)^2 + 2\mu tr[\varepsilon^- \cdot \varepsilon^-]) + \right. \\[2mm] \left. + \left(\frac{d}{1 - M + Md}\right)(\lambda(\langle tr[\varepsilon] \rangle_+)^2 + 2\mu tr[\varepsilon^+ \cdot \varepsilon^+]) \right\} \end{cases} \quad (3.31)$$

Les définitions des caractéristiques de ce modèle sont identiques à celles du modèle précédent : "ξ" est le paramètre de viscosité de l'endommagement, "g" mesure l'influence de l'endommagement en un point matériel sur son voisinage, w_c est seuil initial d'endommagement, toujours exprimé en termes de densité d'énergie et M, le facteur de déplacement de ce seuil d'endommagement. Par contre, il est important de noter que dans ce modèle, M est une quantité sans dimension et que sa valeur doit être strictement inférieure à 1 pour éviter que "$1 - M + Md$" ne change de signe ($M < 1$).

Avec ce choix, le système d'équations est :

$$\begin{cases} \sigma = (1-d)(\lambda \varepsilon_{kk}\mathbb{I} + 2\mu\varepsilon) \quad 0 \leq d \leq 1 \\ \nabla \cdot \sigma + f_{vu} = 0 & \text{dans } \Omega \\ \sigma \cdot n = f_{su} & \text{sur } \partial\Omega_f \\ \xi\dot{d} - g\Delta d = \dfrac{1}{2}\left(1 - \dfrac{d}{1-M+Md}\right)(\lambda(\langle tr[\varepsilon]\rangle_+)^2 + 2\mu tr[\varepsilon^+ \cdot \varepsilon^+]) + w_c & \text{dans } \Omega \\ g\dfrac{\partial d}{\partial n} = 0 & \text{sur } \partial\Omega \\ d = d_0 & \text{dans } \Omega \end{cases}$$

3.3.1.4 Modèle de Henry et Levine

Les équations suivantes ont été adoptées par Henry et Levine [Henry et Levine, 2004], pour simuler la propagation des fissures par un modèle de champ de phase :

$$\begin{cases} \sigma = c(d)L_o : \varepsilon \\ \nabla \cdot \sigma + f_{vu} - \rho\ddot{u} = 0 & \text{dans } \Omega \\ \dot{d} = \dfrac{1}{\xi}\left(G\Delta d - HV'(d) - c'(d)\left(\dfrac{1}{2}\varepsilon : L_o : \varepsilon - \alpha\dfrac{K}{2} < \varepsilon_{ii} >_-^2 - e_c\right)\right) & \text{dans } \Omega \end{cases} \quad (3.32)$$

dans lesquelles L_o est le tenseur des coefficients en élasticité linéaire et isotrope, K est le module de compression volumique, $c(d) = (3d+1)(1-d)^3$, $V(d) = 4d^2(1-d)^2$, e_c, G, H sont des constantes. Le coefficient $0 \leq \alpha \leq 1$ permet de distinguer la contraction de la dilatation volumique.

Ce modèle correspond aux potentiels

$$\begin{cases} w(\varepsilon, d) = c(d)\left(\dfrac{1}{2}\varepsilon : L_o : \varepsilon - e_c\right) + HV(d) + \dfrac{G}{2}\nabla d \cdot \nabla d \\ \mathcal{D}^*(\mathcal{A}) = \dfrac{1}{2\xi}\mathcal{A}^2 - \dfrac{\mathcal{A}}{\xi}c'(d)\alpha\dfrac{K}{2} < \varepsilon_{ii} >_-^2 \end{cases}$$

et n'assure pas la condition $\dot{d} \geq 0$.

3.3.1.5 Modèle de Lorentz et Benallal

Un autre modèle à gradient de l'endommagement du béton dans le même esprit est le modèle de Lorentz et Benallal [Lorentz et Benallal, 2005], [Lorentz, 2008]. Il permet de distinguer la dilatation de la contraction du matériau. Cette approche consiste à introduire le gradient des variables internes dans l'énergie libre. En fait, on peut distinguer plusieurs

---

grandes classes de modélisation non locale en s'appuyant sur une formulation énergétique. Le gradient de l'endommagement est introduit dans l'énergie de la structure. Dans cette approche, on considère que les forts gradients d'endommagement pénalisent l'énergie libre de la structure. Pour cela, on introduit l'énergie potentielle suivante :

$$E_{pot}(u,d) = \int_{\Omega} w(\varepsilon(u),d) + \frac{1}{2}g\nabla d \cdot \nabla d + \int_{\Omega} \mathcal{D}(d - d_{n-1}) - W_{ext}(u) \tag{3.33}$$

où $w(\varepsilon(u),d)$ et $\mathcal{D}(d - d_{n-1})$ sont respectivement l'énergie libre et un potentiel de dissipation associés au déplacement u, à l'endommagement d et l'endommagement solution d_{n-1} correspondant l'instant $(n-1)$:

$$\begin{cases} w(\varepsilon,d) = (1-d)\varepsilon : L_o : \varepsilon + w_c\dfrac{d(d-1)}{(1+\gamma-d)} + \dfrac{g}{2}\nabla d \cdot \nabla d \\ \mathcal{D}(\dot{d}) = w_c\dot{d} \end{cases}$$

On peut donner une interprétation locale des conditions d'optimalité de l'énergie (3.33). L'équation d'équilibre et la relation contrainte - déformation conservent leurs formes usuelles. En fait, seule la définition de la force thermodynamique associée à l'endommagement est altérée par rapport au modèle local :

$$\begin{cases} \sigma = (1-d)L_o : \varepsilon \quad ; \quad 0 \leq d \leq 1 \\ \mathcal{A} = \dfrac{1}{2}\varepsilon : L_o : \varepsilon + w_c\left[1 - \dfrac{\gamma(1+\gamma)}{(1+\gamma-d)^2}\right] + g\nabla^2 d \\ f(\mathcal{A}) = \mathcal{A} - w_c \quad ; \quad f(\mathcal{A}) \leq 0 \quad \dot{d} \geq 0 \quad \dot{d}f(\mathcal{A}) = 0 \end{cases} \tag{3.34}$$

où w_c et γ sont les paramètres du matériau relatifs au mécanisme d'endommagement ; ils déterminent le seuil d'élasticité et l'énergie à rupture (égale à w_c).

Sur le plan physique, le fait de préserver une formulation énergétique permet de garantir la positivité de la dissipation. Mais il s'agit de la dissipation à l'échelle de toute la structure. La dissipation locale n'est plus définie (de manière unique) et de nouveaux ingrédients phénoménologiques doivent être introduits à cette échelle si l'on souhaite procéder à des couplages multi-physiques. Sur le plan mathématique, le terme quadratique en ∇a permet de garantir l'existence d'un champ d'endommagement dans $H^1(\Omega)$ à déplacement donné. En revanche, l'existence d'un minimum local (u, a) à l'énergie potentielle reste à démontrer, même si elle semble avérée en pratique.

Bien entendu, des modèles n'ayant aucun lien avec la notion d'énergie et de force associée ont été aussi proposés dans la littérature, *cf.* par exemple Mazars [Mazar, 1984].

3.3.2 Modèle adopté

Dans notre travail de thèse, un modèle semblable à celui de Henry et Levine est adopté et exploré dans les simulations. Le modèle est standard généralisé avec l'énergie libre volumique

$$w = w^{el}(\varepsilon, d) + \frac{h}{2}d^2 + \frac{g}{2}|\nabla d|^2 \qquad (3.35)$$

dans laquelle l'énergie élastique emmagasinée w^{el} a pour expression

$$w^{el}(\varepsilon, d) = c(d)w_o(\varepsilon) \quad , \quad w_o(\varepsilon) = \frac{1}{2}(\lambda \varepsilon_{kk}^2 + 2\mu\varepsilon : \varepsilon) \qquad (3.36)$$

$c(d)$ est une fonction décroissante vers 0 et positive sur l'intervalle $[0, +\infty[$ avec $c(0) = 1$. L'expression suivante a été adoptée :

$$c(d) = e^{-\alpha d} \qquad , \qquad 0 \le d \le +\infty \qquad (3.37)$$

où α, h, g sont des constantes positives.

Il n'y a aucune difficulté à travailler sur un intervalle borné $0 \le d \le d_c$. Dans ce cas, $c(d) = e^{-\alpha d}$ est une fonction décroissante sur $[0, d_c]$ avec $c(0) = 1$ et $c(d_c) \ll 1$ lorsque d_c est assez grand.

Plusieurs lois d'évolution de l'endommagement ont été examinées et correspondent à des choix différents du potentiel de dissipation.

3.3.2.1 Endommagement visqueux

Pour une loi d'évolution dépendant du temps et linéairement de l'endommagement dans l'esprit de la visco-élasticité linéaire, le potentiel de dissipation associé est

$$\mathcal{D} = \frac{\xi}{2}\dot{d}^2 \quad \Rightarrow \quad \mathcal{D}^*(\mathcal{A}) = \frac{1}{2\xi}\mathcal{A}^2$$

À partir de (3.15), les équations gouvernant la réponse du solide sont :

$$\begin{cases} \nabla \cdot \sigma + f_{vu} = 0; \quad \sigma = e^{-\alpha d}\left(\lambda \varepsilon_{kk}\mathbb{I} + 2\mu\varepsilon\right) \quad \text{dans } \Omega \\[2mm] \xi \, \dot{d} = -hd + g\Delta d + \alpha \, e^{-\alpha d} \, w_o(\nabla u) \\[2mm] g \, d_{,n} = 0 \quad \text{sur } \partial\Omega \\[2mm] u = u_d(t) \quad \text{sur } \partial\Omega_u \\[2mm] \sigma \cdot n = f_{su} \quad \text{sur } \partial\Omega_f \end{cases} \qquad (3.38)$$

Pour spécifier que l'endommagement ne peut progresser que dans la zone de traction, une expression modifiée peut être adoptée comme

$$\mathcal{D}^*(\mathcal{A}) = \frac{1}{2\xi}\mathcal{A}^2 \quad \text{si} \quad \sigma_{kk} > 0 \quad , \quad \mathcal{D}^*(\mathcal{A}) = 0 \quad \text{si} \quad \sigma_{kk} < 0$$

En particulier, au temps 0, une charge peut être instantanément appliquée, la réponse du solide à partir d'un état initial donné peut être suivie en fonction du temps. Un équilibre (s'il existe) peut être atteint asymptotiquement après une courte ou longue évolution de temps. Pour chaque équilibre, les équations lorsque $\dot{d} = 0$ dans tout le volume Ω, sont données par :

$$\begin{cases} \nabla \cdot \sigma + f_{vu} = 0, \quad \sigma = c(d)w_{o,\varepsilon}(\varepsilon) \quad \text{dans } \Omega \\ -hd + g\Delta d - c'(d)w_o(\varepsilon) = 0 \\ g \, d_{,n} = 0 & \text{sur } \partial\Omega \\ u = u_d & \text{sur } \partial\Omega_u \\ \sigma \cdot n = f_{su} & \text{sur } \partial\Omega_f \end{cases} \qquad (3.39)$$

La contrainte $\dot{d} \geq 0$ peut également être introduite pour décrire l'aspect irréversible des endommagements. Dans ce cas, les équations gouvernantes sont

$$\begin{cases} \nabla \cdot \sigma + f_{vu} = 0; \; \sigma = c(d)(\lambda\varepsilon_{kk}\mathbb{I} + 2\mu\varepsilon) \quad \text{dans } \Omega \\ \xi \, \dot{d} = <-hd + g\Delta d - c'(d)w_o(\varepsilon) >_+ & \text{si} \quad \sigma_{kk} > 0 \\ \dot{d} = 0 & \text{si} \quad \sigma_{kk} \leq 0 \\ g \, d_{,n} = 0 & \text{sur } \partial\Omega \\ u = u_d(t) & \text{sur } \partial\Omega_u \\ \sigma \cdot n = f_{su} & \text{sur } \partial\Omega_f \end{cases} \qquad (3.40)$$

Pour une loi d'endommagement en fonction du temps dans l'esprit du potentiel viscoplastique de Perzyna, une valeur critique de la force w_c est introduite. L'endommagement ne peut progresser que si la force est supérieure à la valeur critique. Le potentiel dual de dissipation suivant est considéré :

$$\mathcal{D}^*(\mathcal{A}) = \frac{1}{\xi}(< \mathcal{A} - w_c >_+)^2$$

et conduit à la loi d'évolution de l'endommagement suivante :

$$\xi \, \dot{d} = <-hd + g\Delta d - c'(d)w_o(\varepsilon) - w_c >_+ \qquad (3.41)$$

dans la zone de traction.

3.3.2.2 Endommagement fragile incrémental

Pour une évolution de l'endommagement indépendante du temps physique *i.e.* en endommagement fragile, une loi d'évolution de type plastique est introduite. Un critère d'endommagement basé sur une force limite w_c et la loi de normalité sont introduits dans la zone de traction

$$\begin{cases} f(\mathcal{A}) = \mathcal{A} - w_c \leq 0 \\ \dot{d} = \Lambda \quad , \quad f \leq 0 \ , \ \Lambda \geq 0 \ , \quad \Lambda\, f = 0 \end{cases} \tag{3.42}$$

Il en résulte que $\Lambda\, \dot{f} = 0$ de sorte que la vitesse $\dot{d}$ vérifie l'équation :

$$(h + c''(d)w_o(\varepsilon))\dot{d} = < g\Delta d - c'(d)w_{o,\varepsilon} : \dot{\varepsilon} >_+$$

3.3.2.3 Endommagement fragile total

Comme en plasticité classique, on associe souvent à la loi incrémentale une loi dite de déformation totale (de Hencky) lorsque le chargement est proportionnel. Par exemple, on sait bien que le modèle incrémental d'écrouissage isotrope et cinématique (3.28) peut être modifié pour obtenir la loi de déformation totale de Hencky

$$\begin{cases} \sigma = L : (\varepsilon(u) - \varepsilon^p) \\ \mathcal{A} = \sigma - H : \varepsilon^p + G \cdot \Delta\varepsilon^p \\ \varepsilon^p = \Lambda\dfrac{\partial f}{\partial \mathcal{A}}, \quad f(\mathcal{A}) \leq 0, \quad \Lambda \geq 0, \quad f\Lambda = 0 \\ \nabla \cdot \sigma + f_{vu} = 0 \\ \sigma \cdot n = f_{su} \quad \text{sur } \partial\Omega_f \\ u = u_d \quad \text{sur } \partial\Omega_u \\ \varepsilon^p,_n = 0 \quad \text{sur } \partial\Omega \end{cases} \tag{3.43}$$

où $\dot{\varepsilon}^p$ est remplacé par ε^p dans l'expression de la loi de normalité. La loi de déformation totale de Hencky est un modèle non-linéaire élastique puisque l'équilibre statique sous une charge donnée est le point stationnaire de l'énergie potentielle totale par rapport aux champs $\mathbf{u}, \varepsilon^{\mathbf{p}}$

$$\begin{cases} \mathbf{W}(\mathbf{u}, \epsilon^{\mathbf{p}}) = \displaystyle\int_\Omega \left(\frac{1}{2}(\varepsilon - \varepsilon^p) : L : (\varepsilon - \varepsilon^p) + \frac{1}{2}\varepsilon^p : H : \varepsilon^p + \frac{1}{2}\nabla\varepsilon^p \cdot G \cdot \nabla\varepsilon^p + w_c\|\varepsilon^p\| \right) d\Omega \\ \qquad - \displaystyle\int_\Omega f_{vu} \cdot u\, d\Omega - \int_{\partial\Omega_f} f_{su} \cdot u\, da \end{cases}$$
$$\tag{3.44}$$

Dans cet esprit, une loi d'endommagement total consiste à remplacer dans (3.42) $\dot{d}$ par d :

$$\begin{cases} f(\mathcal{A}, \varepsilon, d) = \mathcal{A} - w_c \leq 0 \\ d = \Lambda f,_{\mathcal{A}} = \Lambda \quad , \quad f \leq 0 \ , \ \Lambda \geq 0 \ , \quad \Lambda\, f = 0 \end{cases} \tag{3.45}$$

Il en résulte que la loi d'endommagement totale s'écrit

$$h \, d = < g\Delta d - c'(d)w_0(\varepsilon) - w_c >_+ \tag{3.46}$$

Sous un déplacement contrôlé, l'équilibre du solide est un point stationnaire de l'énergie potentielle totale :

$$\mathbf{W}(\mathbf{u}, \mathbf{d}) = \int_\Omega \left(c(d)w_o(\varepsilon) + \frac{h}{2} \, d^2 + \frac{g}{2}\|\nabla d\|^2 + w_c \, d \right) d\Omega \tag{3.47}$$

parmi les déplacements admissibles et les champs d'endommagement positifs.

En effet, la solution $(\mathbf{u}, \mathbf{d})$ doit satisfaire à la condition de stationnarité du lagrangien

$$\mathbf{L}(\mathbf{u}, \mathbf{d}, \mathbf{\Lambda}) = \int_\Omega \left(c(d)w_o(\varepsilon) + \frac{h}{2} \, d^2 + \frac{g}{2}\|\nabla d\|^2 + w_c \, d \; - \Lambda \, d \right) d\Omega \tag{3.48}$$

où $\Lambda \geq 0$ désigne le multiplicateur de Lagrange associé à l'inégalité $d \geq 0$:

$$\Lambda \geq 0 \;\; , \;\; d \geq 0 \;\; , \;\; \Lambda \, d = 0 \tag{3.49}$$

Il s'ensuit l'équation suivante dans Ω

$$c'(d)w_o(\varepsilon) - g\Delta d + hd + w_c - \Lambda = 0$$

avec

$$\begin{cases} w_c > -(c'(d)w_o(\varepsilon) + hd - g\Delta d) & \Rightarrow & d = 0 \\ w_c = -(c'(d)w_o(\varepsilon) + hd - g\Delta d) & \Rightarrow & d \geq 0 \end{cases}$$

Par conséquent

$$h \, d = < -c'(d)w_o(\varepsilon) + g\Delta d - w_c >_+ \tag{3.50}$$

et la loi de l'endommagement total est récupérée.

3.3.2.4 Courbe de traction

Les essais expérimentaux sur le béton en sollicitations uniaxiales de traction montrent que ce matériau est caractérisé par un comportement adoucissant lorsqu'un certain seuil est atteint (voir par exemple les résultats expérimentaux, figs. 1.9). Pour les modèles de Lemaître et Lorentz par exemple, les courbes de traction obtenues sont représentées dans les figures 3.7 et 3.8.

Pour mieux comprendre le modèle adopté, la courbe de traction unidimensionnelle est ici tracée en fonction des paramètres introduits.

On a lorsque l'endommagement progresse

$$\sigma = e^{(-\alpha \, d)} E \, \varepsilon \;\; , \;\; \mathcal{A} = \alpha \, e^{(-\alpha \, d)}\frac{E}{2} \, \varepsilon^2 - hd = w_c$$

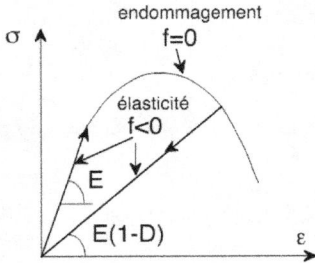

FIGURE 3.7 : *Courbe de traction uniaxiale du modèle de Lemaître*

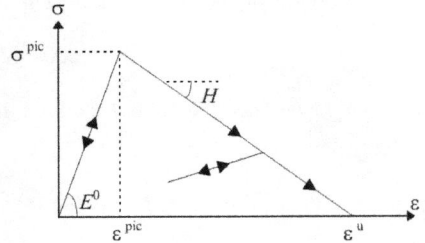

FIGURE 3.8 : *Courbe de traction uniaxiale du modèle de Lorentz*

de sorte que la portion de la courbe contrainte - déformation en phase endommagée est donnée par sa représentation paramétrique

$$\varepsilon(d) = \sqrt{\left(\frac{2(h\ d + w_c)}{\alpha\ E}\ e^{(\alpha\ d)}\right)} \quad , \quad \sigma(d) = \sqrt{\left(\frac{2(h\ d + w_c)E}{\alpha}\ e^{(-\alpha\ d)}\right)}$$

soit les courbes unidimensionnels suivantes.

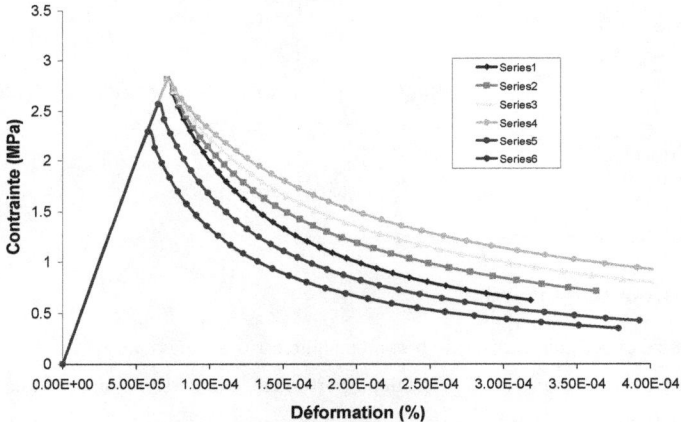

FIGURE 3.9 : *Influences de h et α*

La figure (3.9) représente l'évolution de la contrainte en fonction de la déformation à différents valeurs de $h(MPa)$ et de α, deux paramètres du matériau pour régler le comportement dans notre modèle. Les courbes de la série 1 à la série 4 montrent l'influence du coefficient h pour $\alpha = 10$ et $E = 39600$ MPa (à comparer avec [Terrien, 1980]). Celles de série 5 et série 6 donnent l'influence de α lorsque $h/E = 0$. Le coefficient h réduit l'adoucissement tandis que le coefficient α l'augmente.

3.4 Implémentations numériques dans le code CAST3M

3.4.1 Schéma numérique en Endommagement visqueux

Le système d'équations (3.41) est étudié numériquement par la méthode des éléments finis afin d'obtenir la réponse quasi-statique d'un solide soumis à un chargement donné.

Après une discrétisation par éléments finis, les inconnues sont des valeurs nodales des champs (u, d) aux divers instants t :

$$u(x) = u^i N_i(x) \quad , \quad d(x) = d^j Q_j(x)$$

En général, en tenant compte de cette discrétisation, on considère d'abord les relations :

$$\begin{cases} \displaystyle\int_\Omega (L : \varepsilon) : \delta\varepsilon \ d\Omega = \int_\Omega f_{vu} \cdot \delta u \ d\Omega + \int_{\partial\Omega} f_{su} \cdot \delta u \ da \\ \displaystyle\int_\Omega \xi \dot{d} \ \delta d \ d\Omega = \int_\Omega (-hd + g\Delta d + \alpha \ e^{-\alpha d} \frac{1}{2}\varepsilon : L_o : \varepsilon - w_c)\delta d \ d\Omega \end{cases}$$

La prise en compte de la condition aux limites $d_{,n} = 0$ conduit alors au système d'équations matricielles suivant :

$$\begin{cases} \mathbf{K(d)} \ \mathbf{u} = \mathbf{F} \\ \mathbf{Z\dot{d}} = -(\mathbf{H} + \mathbf{G})\mathbf{d} + \mathbf{\Phi(u, d)} \end{cases} \tag{3.51}$$

dans lequel les matrices $\mathbf{Z}$, $\mathbf{H}$, $\mathbf{G}$ sont des matrices carrées symétriques et $\mathbf{\Phi(u, d)}$ la matrice colonne, de composantes respectives :

$$\begin{cases} \mathbf{Z_{ij}} = \displaystyle\int_\Omega \xi \ Q_i Q_j \ d\Omega \\ \mathbf{H_{ij}} = \displaystyle\int_\Omega h \ Q_i Q_j \ d\Omega \\ \mathbf{G_{ij}} = \displaystyle\int_\Omega g \ \nabla Q_i \cdot \nabla Q_j \ d\Omega \\ \mathbf{\Phi_i} = -\displaystyle\int_\Omega (c'(d)w_o(\varepsilon) + w_c) \ Q_i \ d\Omega \end{cases}$$

Après discrétisation par rapport au temps, un schéma implicite peut être introduit et résolu par itérations successives :

$$\begin{cases} \mathbf{Z} \ \mathbf{d_n^*} = \mathbf{Z} \ \mathbf{d_{n-1}} + \theta(-(\mathbf{H} + \mathbf{G}) \ \mathbf{d_n} + \mathbf{\Phi(u_n, \ d_n)}) \\ \mathbf{d_n} = \mathbf{d_{n-1}} + <\mathbf{d_n^*} - \mathbf{d_{n-1}}>_+ \\ \mathbf{K(d_n)} \ \mathbf{u_n} = \mathbf{F_n} \end{cases}$$

dans lequel θ est le pas de temps. Par conséquent, s'il y a convergence, toutes les équations sont vérifiées, en particulier, les endommagements ne peuvent évoluer que dans la zone de traction actuelle.

On pourrait penser que les zones endommagées sont situées entièrement à l'intérieur du volume de sorte que la condition aux limites $d_{,n} = 0$ n'a pas une grande influence sur les résultats numériques. Dans ce cas, un schéma numérique purement local :

$$\begin{cases} \xi\, \mathbf{d_n} = \xi\, \mathbf{d_{n-1}} + \theta < -\mathbf{hd_{n-1}} + \mathbf{g\Delta d_{n-1}} - \mathbf{c'(d_{n-1})w_o}(\varepsilon) - \mathbf{w_c} >_+ \\ \text{équations locales aux points de Gauss} \\ \mathbf{K(d_n)\, u_n = F_n} \end{cases} \quad (3.52)$$

pourrait aussi être envisagé, même si la condition aux limites $d_{,n} = 0$ n'est pas assurée automatiquement. Ce dernier schéma a été testé sur un exemple simple. Il est clair qu'il n'est pas acceptable comme le montrent les résultats numériques (cf. les figures 3.10 et 3.11).

FIGURE 3.10 : *Endommagement obtenu par le schéma local*

FIGURE 3.11 : *Endommagement obtenu par le schéma global*

3.4.2 Schéma numérique en Endommagement fragile

Le modèle adopté est ici simulé selon les équations (3.42). Sous la forme incrémentale, les incréments doivent vérifier la condition de seuil $A + \delta A - w_c = 0$ si l'endommagement progresse de sorte que

$$-h(d + \delta d) + g\Delta(d + \delta d) - c'(d)w_o(\varepsilon + \delta\varepsilon) - w_c = 0$$

ce qui donne

$$h\delta d = < -hd + g\Delta(d + \delta d) - c'(d)w_o(\varepsilon + \delta\varepsilon) - w_c >_+$$

Après la discrétisation, on considère alors le système d'équations matricielles :

$$\begin{cases} \mathbf{H\, d_n^*} = -\mathbf{H\, d_{n-1}} - \mathbf{G\, d_n} + \mathbf{\Phi(u_{n-1}, d_{n-1})} \\ \mathbf{d_n} = \mathbf{d_{n-1}} + < \mathbf{d_n^*} >_+ \\ \mathbf{K(d_n)\, u_n = F_n} \end{cases} \quad (3.53)$$

Ce schéma global est de nouveau résolu numériquement par les itérations successives sur le second membre.

Pour obtenir l'équilibre sous un chargement donné dans le cadre de la loi d'endommagement total, il suffit d'effectuer un seul pas, à partir de l'état initial naturel de sorte que les équations à résoudre sont :

$$\begin{cases} \mathbf{H}\ \mathbf{d}^* = \mathbf{G}\ \mathbf{d} + \boldsymbol{\Phi}(\mathbf{u},\mathbf{d}) \\ \mathbf{d} = <\mathbf{d}^*>_+ \\ \mathbf{K}(\mathbf{d})\ \mathbf{u} = \mathbf{F} \end{cases} \qquad (3.54)$$

En terme d'énergie potentielle totale du solide sous chargement

$$\mathbf{J}(\mathbf{u},\ \mathbf{d}) = \int_\Omega \mathbf{w}(\varepsilon,\mathbf{d},\nabla\mathbf{d})\ \mathrm{d}\Omega - \int_\Omega \mathbf{f_{vu}}\cdot\mathbf{u}\ \mathrm{d}\Omega - \int_{\partial\Omega} \mathbf{f_{su}}\cdot\mathbf{u}\ \mathrm{d}\mathbf{a} \qquad (3.55)$$

ces équations expriment la condition de stationnarité de l'énergie $\delta\mathbf{J}(\mathbf{u},\ \mathbf{d}) = \mathbf{0}$ pour un état d'équilibre.

3.5 Simulations numériques

3.5.1 Exemples numériques en Endommagement visqueux

Trois exemples simples de propagation de fissure ont été simulés numériquement :

3.5.1.1 Plaque trouée

Le premier exemple correspond à la figure (3.12). Une pièce de section carrée en déformation plane, comportant un trou circulaire centré est sollicitée par des déplacements imposés le long de ses faces supérieure et inférieure.

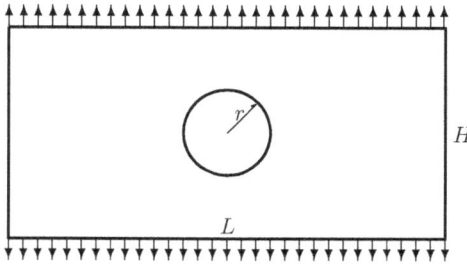

FIGURE 3.12 : *Géométrie de plaque trouée*

Les dimensions sont respectivement : longueur L=24mm, largeur H=12mm, rayon du trou r=2mm et de caractéristiques du matériau :

Module de Young $E = 100000$ MPa

Coefficient de Poisson $\nu = 0.3$

Seuil d'endommagement $w_c = 0.01$ MPa

Coefficient de viscosité $\xi = 1$ MPa.s

Paramètre d'adoucissement $\alpha = 1$

A priori, la fissure se propage en mode I sur la ligne symétrique de la structure (voir les figures 3.13 et 3.14)

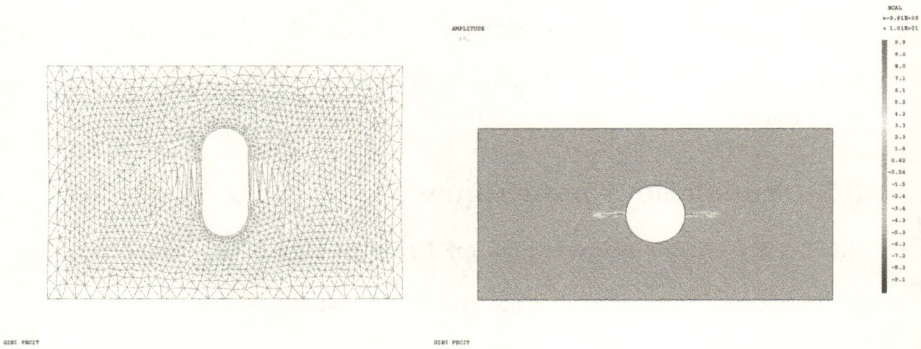

FIGURE 3.13 : *Maillage déformé*

FIGURE 3.14 : *Champ d'endommagement par le modèle visco-plastique*

Les résultats numériques dépendent du maillage. Mais pour un maillage suffisamment fin pour décrire convenablement de fines bandes de localisation, on retrouve bien une zone endommagée $0 < d < +\infty$ où l'endommagement est fortement localisé, tellement que nous pouvons l'assimiler à l'apparition et la propagation d'une fissure. Les résultats obtenus sont instables lorsque la fissure est suffisamment longue et correspondent à la ruine rapide de la pièce par l'endommagement généralisé.

Les figures (3.15) et (3.14) donnent la carte de l'endommagement pour les modèles visco-élastique ($w_c = 0$) et visco-plastique ($w_c > 0$). On constate que la zone endommagée est plutôt diffuse et ne permet pas de l'assimiler à une fissuration appropriée pour le modèle visco-élastique. Au contraire, pour le modèle visco-plastique, l'endommagement se localise comme prévu et la fissuration est nettement plus claire.

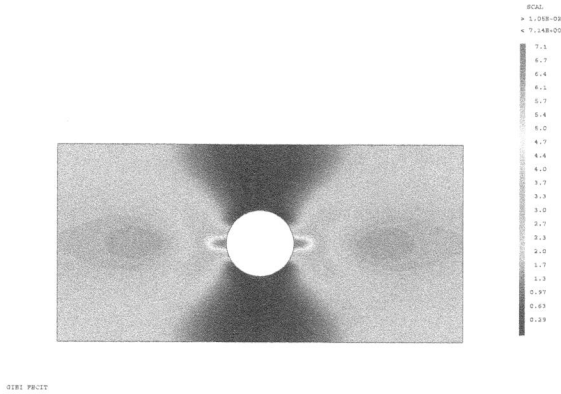

FIGURE 3.15 : *Zone endommagée par le modèle visco-élastique*

3.5.1.2   Propagation et bifurcation d'un système de fissures rectilignes

Le deuxième exemple étudié correspond à une plaque avec trois fissures rectilignes préexistantes. Cet essai simule la propagation de ce système de trois fissures sous déplacement imposé au bord. La figure (cf. la figure 3.17) ci-dessous donne le mode de fissuration observée par le calcul :

FIGURE 3.16 : *Maillage déformé*

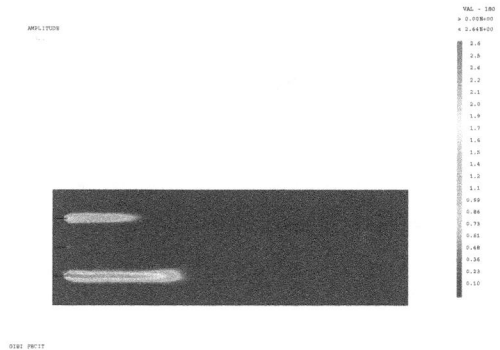

FIGURE 3.17 : *Champ d'endommagement par le modèle visco-plastique à gradient*

Cette figure présente les endommagements après quelques pas de calcul. Nous observons que la fissure au milieu se propage puis s'arrête alors que les autres continuent encore. La propagation de deux fissure restantes dans le modèle sans gradient est différente du résultat du modèle à gradient. Avec le modèle sans gradient, ces fissures se propagent presque parallèlement le long de la longueur de la plaque tandis que la propagation devient asymétrique pour le modèle à gradient.

3.5.1.3 Fissure en mode mixte

Un autre exemple correspond au cas d'une plaque sous chargement en mode mixte avec les paramètres du matériau suivants :

Longueur L = 16mm

Hauteur H = 8mm

Longueur de fissure a = 1mm

et les caractéristiques du matériau :

Module d'élasticité E = 30000 MPa

Coefficient de Poisson ν = 0.2

Coefficient de viscosité ξ = 1 MPa.s

Paramètre d'adoucissement α = 2

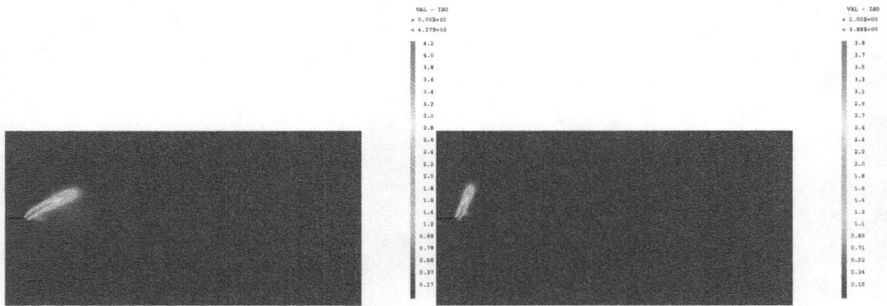

FIGURE 3.18 : *Champ d'endommagement par le modèle visco-plastique à gradient pour un angle de chargement de 45°* **FIGURE 3.19 :** *Champ d'endommagement par le modèle visco-plastique à gradient pour un angle de chargement de 11°*

Les fissures se propagent (figures (3.18), (3.19)) à partir de la pointe de la fissure préexistante à l'angle de chargement 45° et 11°, respectivement, par rapport à l'axe horizontal. Ces résultats sont en accord avec ceux de BFM [Bourdin *et al.*, 2000] dans le cas

---

où l'angle de chargement est supérieur à 7° et inférieur à 90°. Ils sont aussi conformes aux prédictions existantes dans la littérature.

3.5.2 Exemples numériques en Endommagement fragile

3.5.2.1 Poutre en flexion trois points

La modélisation d'un essai de flexion trois points sur une poutre avec entaille par le modèle d'endommagement fragile à gradient d'endommagement est considérée. Une moitié de la structure est discrétisée en raison de la symétrie du problème pour analyser la propagation de la fissure en mode I. Cette poutre, de caractéristiques

Longueur $L = 1000$ mm

Hauteur $H = 200$ mm

Longueur de fissure $a = 20$ mm

Distance $b = 10$ mm

et les caractéristiques du matériau :

Module d'élasticité $E = 30000$ MPa

Coefficient de Poisson $\nu = 0.2$

Paramètre d'adoucissement $\alpha = 2$

Module d'écrouissage $h = 100$ MPa

Coefficient de gradient $g = 1$ MPa.mm^2

est soumise à un déplacement imposé V_{imp}

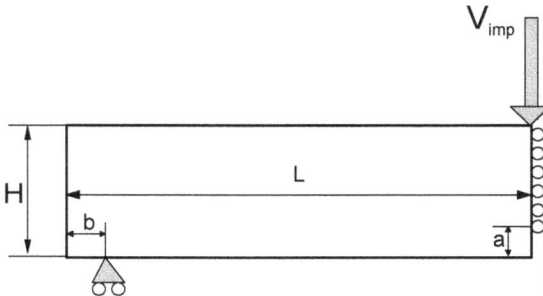

FIGURE 3.20 : *Poutre en flexion 3 points*

FIGURE 3.21 : *Progression de la zone endommagée par le modèle plastique*

La figure (3.21) illustre l'évolution de la zone endommagée qui peut être assimilé à la propagation d'une fissure en mode I. Le modèle à gradient d'endommagement donne une zone d'endommagement plus localisée qu'avec un modèle sans gradient. Dans tous les cas, la force de réaction décroît lorsque la flèche de la poutre augmente.

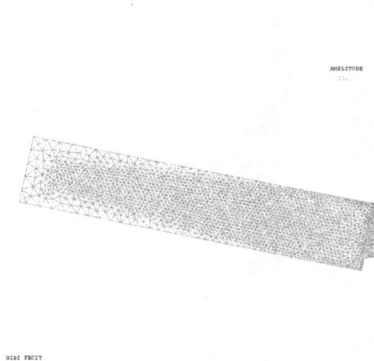

FIGURE 3.22 : *Maillage déformé*

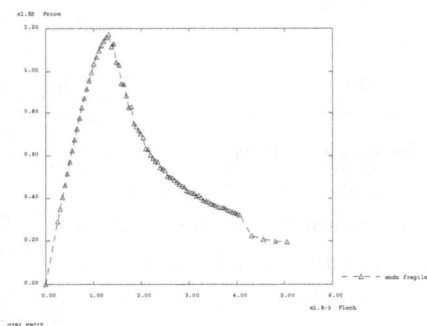

FIGURE 3.23 : *Courbe force - déplacement*

3.5.2.2 Poutre en cisaillement quatre points

La fissuration en mode mixte est considérée ici pour une poutre entaillée en flexion quatre points. Cet essai a été simulé par plusieurs auteurs [Jirasek et Zimmermann, 1998], [Rots et de Borst, 1987], [Ung Quoc, 2003]. Une poutre en béton indiquée sur la figure (3.24), de caractéristiques

Longueur $L_1 = 203$ mm ; $L_2 = 397$ mm ; $L_3 = 61$ mm

Hauteur $H_1 = 224$ mm

Longueur de fissure $H_2 = 82$ mm

et les caractéristiques du matériau :

Module d'élasticité $E = 24800$ MPa

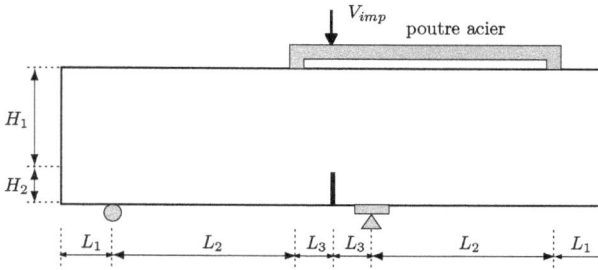

FIGURE 3.24 : *Poutre en cisaillement 4 points*

Coefficient de Poisson $\nu = 0.18$

Paramètre d'adoucissement $\alpha = 10$

Module d'écrouissage $h = 100$ MPa

Coefficient de gradient $g = 1$ MPa.mm^2

est soumise à un chargement de cisaillement :

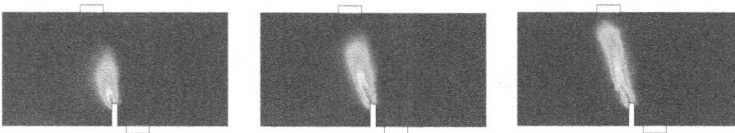

FIGURE 3.25 : *Extension progressive de zone d'endommagement par le modèle plastique*

La progression de la zone d'endommagement obtenue est proche de celle de l'expérience. L'endommagement, finement localisé, donne une interprétation claire de la fissuration dans cette structure en béton. Sur la figure (3.27), on peut voir l'évolution de la force appliquée par rapport au déplacement en cisaillement des lèvres de la fissure (CMSD). Les courbes calculée et expérimentale ont sensiblement la même allure et on constate une assez bonne concordance entre nos résultats de calcul et l'expérience.

3.5.2.3 Pièce en L

En appliquant le modèle d'endommagement fragile, on obtient les résultats pour la pièce en L que l'on a simulée au chapitre II (figure 2.18). Les figures (3.28), (3.29), (3.30),

---

AMPLITUDE
1.0.

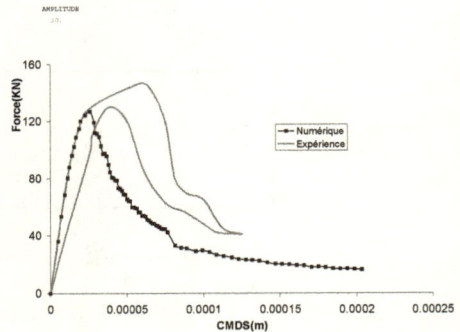

FIGURE 3.26 : *Maillage déformé*

FIGURE 3.27 : *Courbe charge - déplacement*

(3.31) illustrent quelques résultats obtenus par les modèles proposés afin de faciliter la comparaison des résultats.

La fissuration obtenue avec ces modèles est très conforme aux résultats trouvés par la méthode des éléments finis étendus dans le chapitre précédent. Le trajet de fissuration est également comparable aux résultats connus dans la littérature.

3.5.3 L'apport du modèle à gradient

3.5.3.1 Modèle à gradient et effet d'échelle

Les caractéristiques mécaniques d'un matériau sont obtenues lors des essais de laboratoire sur des éprouvettes de tailles relativement faibles par rapport aux dimensions d'une structure. Or il se trouve que certaines caractéristiques mécaniques changent quand les tailles des éprouvettes changent. C'est "l'effet d'échelle".

L'effet d'échelle a été mis en évidence par divers types de sollicitations sur des éprouvettes et des structures en béton sous sollicitations uniaxiales ou multiaxiales.

C'est par exemple le cas pour la contrainte nominale maximale, *cf.* [Vonk, 1993] :

La figure (3.32) représente des géométries d'éprouvettes prismatiques soumises à des compressions uniaxiales.

Lors d'essais uniaxiaux sur des éprouvettes en béton, il apparaît que la contrainte maximale supportée diminue quand la taille de l'éprouvette augmente [Vonk, 1993]. Ce cas particulier d'effet d'échelle, où les sollicitations sont uniformes dans toutes les éprouvettes, est aussi appelé effet de volume. Les résultats de ces essais sont reproduits sur la

---

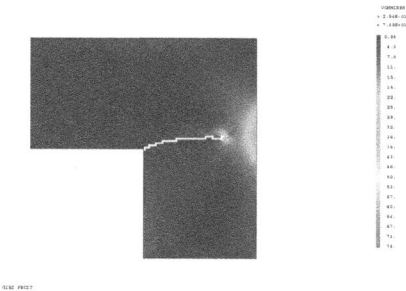

FIGURE 3.28 : *Résultat XFEM*

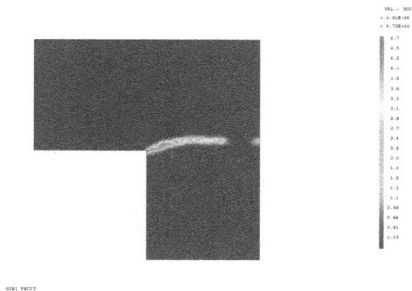

FIGURE 3.29 : *Résultat du modèle à gradient*

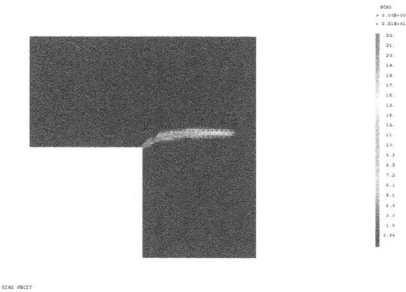

FIGURE 3.30 : *Résultat du modèle viscoplastique*

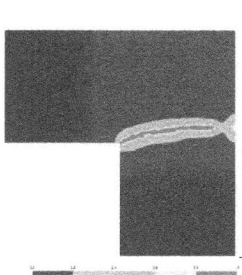

FIGURE 3.31 : *Résultat de Lorentz*

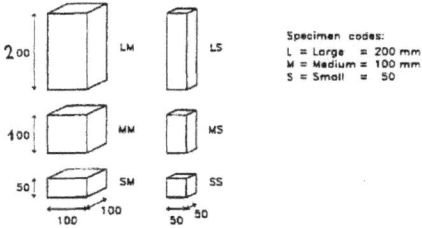

FIGURE 3.32 : *Géométries des éprouvettes prismatiques*

figure (3.33)

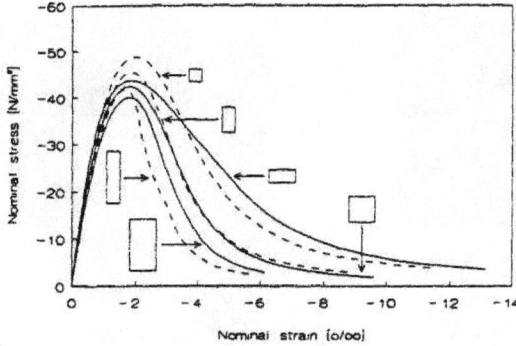

FIGURE 3.33 : *Réponses contrainte-déformation en compression pour les différentes géométries [Vonk, 1993]*

L'effet d'échelle peut être expliqué de la façon suivante. Le béton n'est pas un matériau parfaitement homogène. En effet, à l'échelle des granulats, l'hétérogénéité du matériau se manifeste par la présence de micro-défauts, de microfissures et de microvides d'orientations quelconques. Sous l'effet d'un chargement, les déformations se localisent rapidement dans les zones où il y a ces défauts. Plus les dimensions d'une structure sont grandes, plus il est probable d'avoir la présence d'une importante proportion de défauts. Plusieurs auteurs ont mis en évidence ces observations [Bazant et Oh, 1983], [Planas et Elices, 1989], [Mazars *et al.*, 1991].

Il est bien connu que l'effet échelle peut être modélisé avec les modèles à gradient. L'exemple numérique ici présenté correspond à des essais de flexion trois points sur trois poutres entaillées de geometries semblables avec trois rapports géométriques différents : 0.7, 1, 2, la poutre 3.5.2.1 correspond à la géométrie de référence.

Les réponses globales "force-flèche" sont présentées sur la figure (3.34).

Pour chaque poutre, ses charges maximales sont évaluées numériquement et la valeur de la contrainte nominale maximale est définie comme dans [Bazant et Ozbolt, 1990], par l'expression :

$$\sigma_N = \frac{P_i}{H\,m\,i^2} \tag{3.56}$$

où P_i est la charge maximale supportée par la poutre de rapport de la géométrie i; H est la hauteur, m est l'épaisseur de la poutre qui prend le rapport de la géométrie 1 (la poutre moyenne).

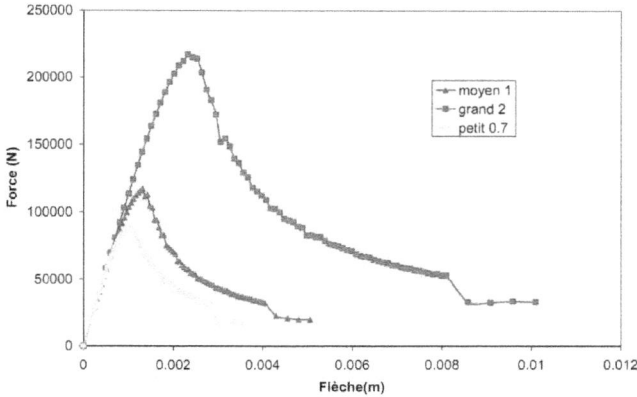

FIGURE 3.34 : *Réponse force-flèche en flexion 3 points*

Nous constatons que la contrainte nominale calculée ($\sigma_N = 8.96$ MPa ou 5.865 MPa et 2.714 MPa correspondent à la poutre petite ou moyenne et grande, respectivement) décroît lorsque la taille croît. Cette simulation donne des résultats en bon accord avec l'observation expérimentale.

Les comparaisons des contraintes nominales montrent que le modèle à gradient permet de bien simuler l'effet d'échelle de la structure.

3.5.3.2   Modèle à gradient et fissuration

Il s'agit de discuter l'apport du modèle à gradient dans la simulation de la fissuration par l'approche endommagement. Il est bien connu que l'introduction du gradient permet de régulariser et de stabiliser la réponse d'une structure en statique comme en dynamique. Cette régularisation se traduit en premier lieu par l'absence de discontinuité pour le champ $d(x,t)$ dans le volume de la structure. Cela se traduit par l'absence de dépendance aux maillages. La sensibilité aux maillages est couramment observée pour des comportements à palier ou radoucissants comme en plasticité parfaite ou en endommagement avec des modèles classiques sans gradients.

Pour un maillage donné, les figures (3.38) et (3.36) donnent les zones endommagées obtenues respectivement pour une loi visco-élastique avec ou sans gradient. On peut observer que la localisation est moins nette avec le modèle à gradient. Cela provient du fait que la réponse associée est plus régulière. Cette différence s'atténue avec l'introduction

---

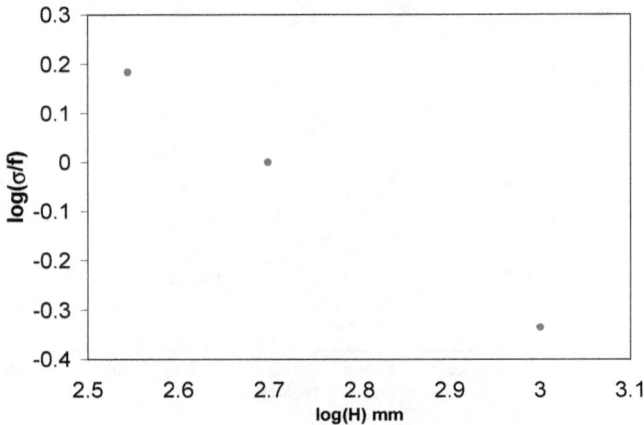

FIGURE 3.35 : *Contrainte nominale maximale σ_N en fonction de la hauteur H pour les trois poutres*

d'un seuil d'endommagement w_c c'est-à-dire avec un modèle visco-plastique ou plastique, *cf.* figures (3.39) et (3.37)

3.5.3.3 Approche variationnelle de BFM (Bourdin, Francfort et Marigo)

L'approche de Bourdin, Francfort et Marigo, [Bourdin *et al.*, 2000], [Amor *et al.*, 2009] donne des résultats théoriques et numériques très intéressants sur la simulation de la fissuration et apporte une justification importante sur l'avantage du modèle à gradient. Elle étend un résultat établi en Mathématiques Appliquées sur le traitement d'image et consiste à la recherche d'une position d'équilibre réalisant le minimum de l'énergie potentielle totale du solide. Cette approche permet de détecter les configurations intéressantes de fissures, représentées par un endommagement fortement localisé en fonction du chargement. Cette approche a été illustrée par de nombreux exemples numériques spectaculaires.

L'énergie volumique proposée s'écrit sous la forme

$$w(\varepsilon, d) = c(d)w^{e\ell}(\varepsilon) + G_c \left(\zeta \, \|\nabla d\|^2 + \frac{d^2}{4\zeta} \right) \tag{3.57}$$

identique à (3.35) avec

$$h = \frac{G_c}{2\zeta} \quad , \quad g = 2G_c\zeta \quad , \quad G_c = \sqrt{hg} \quad , \quad c(d) = (1-d)^2 + e(\zeta)$$

ou encore, pour limiter l'endommagement aux zones en dilatation volumique et en cisaille-

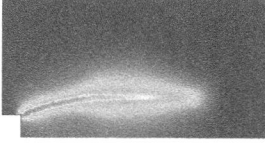

FIGURE 3.36 : *Résultat du modèle visco-élastique avec gradient*

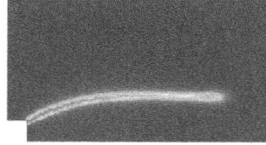

FIGURE 3.37 : *Résultat du modèle plastique avec gradient*

FIGURE 3.38 : *Résultat du modèle viscoélastique*

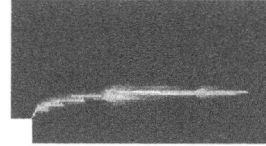

FIGURE 3.39 : *Résultat du modèle viscoplastique*

ment, cf. Amor, Marigo, Maurini [Amor *et al.*, 2009]

$$w^{el}(\varepsilon, d) = \frac{1}{2}(K < \varepsilon_{kk} >_-^2 + c(d)\frac{1}{2}(\lambda < \varepsilon_{kk} >_+^2 + 2\mu\varepsilon' : \varepsilon') \tag{3.58}$$

Pour un solide soumis à un déplacement imposé et libre de force sur le restant du contour, on cherche directement à minimiser l'énergie potentielle totale du solide

$$\min_{\mathbf{u},\mathbf{d}} \mathbf{W}(\mathbf{u}, \mathbf{d}) \quad , \quad \mathbf{W}(\mathbf{u}, \mathbf{d}) = \int_\Omega w(\varepsilon, d) \, d\Omega \tag{3.59}$$

sur l'ensemble des déplacements cinématiquement admissibles et des taux d'endommagement admissibles $0 \leq d \leq 1$.

La liaison avec la théorie de Griffith a été donnée par le résultat théorique remarquable suivant, *cf.* BFM [Bourdin *et al.*, 2000] :

Lorsque $\zeta \Rightarrow 0$ et $e(\zeta) \Rightarrow 0$, la (ou les) zone localisée devient une fissure de Griffith avec l'énergie de surface $G_c = \lim_{\zeta \Rightarrow 0} \sqrt{hg}$.

La borne supérieure $d \leq 1$, peut être changée en $d \leq d_c$, ce qui conduit à la nouvelle expression :

$$w^*(\epsilon, d, \nabla d) = ((1 - \frac{d}{d_c})^2 + e)w_o(\epsilon) + \frac{h^*}{2}d^2 + \frac{g^*}{2}\|\nabla d\|^2$$

Donc

$$\frac{h^*}{2}d^2 + \frac{g^*}{2}\|\nabla d\|^2 = \frac{h^*d_c^2}{2}\left(\frac{d}{d_c}\right)^2 + \frac{g^*d_c^2}{2}\|\nabla\left(\frac{d}{d_c}\right)\|^2$$

Ainsi, il en résulte que

$$G_c = \lim_{\zeta \to 0} \ d_c^2\sqrt{hg} \tag{3.60}$$

Le même résultat vaut encore si, au lieu de l'expression $c(d) = (1-d)^2 + e$, $d \in [0,1]$, une fonction régulière et décroissante $c(d)$, $d \in [0,1]$ est adopté tel que $c(0) = 1$ et $c(d) \Rightarrow e(\zeta)$ lorsque $d \Rightarrow 1$.

3.5.3.4 États d'équilibre d'endommagement visqueux et solutions de BFM

La solution $(\mathbf{u}, \mathbf{d})$ de (3.59) doit satisfaire

$$\begin{cases} \mathbf{L}(\mathbf{u},\mathbf{d},\boldsymbol{\Lambda},\boldsymbol{\Psi})_{,\mathbf{u}} \cdot \delta\mathbf{u} = 0 \ , \ \ \mathbf{L}(\mathbf{u},\mathbf{d},\boldsymbol{\Lambda},\boldsymbol{\Psi})_{,\mathbf{d}} \cdot \delta\mathbf{d} = 0 \\ \Lambda \geq 0, \ d \geq 0 \ , \ \Lambda \, d = 0 \ , \ \ \Psi \geq 0, \ 1 - d \geq 0 \ , \ \Psi(1-d) = 0 \end{cases}$$

où $\mathbf{L}(\mathbf{u},\mathbf{d},\boldsymbol{\Lambda},\boldsymbol{\Psi})$ désigne le lagrangien associé et Λ, Ψ sont les multiplicateurs de Lagrange :

$$\mathbf{L}(\mathbf{u},\mathbf{d},\boldsymbol{\Lambda},\boldsymbol{\Psi}) = \mathbf{W}(\mathbf{u},\mathbf{d}) - \int_\Omega (\Lambda \, d + (1-d)\Psi) \, d\Omega$$

Il résulte en particulier que

$$c'(d)w_o(\varepsilon) + h \, d - g\Delta d - \Lambda + \Psi = 0 \ \text{ dans } \ \Omega \ , \ \ d_{,n} = 0 \ \ sur \ \ \partial\Omega$$

Ainsi, on vérifie

$$\begin{cases} h \, d^* = < -c'(d)w_o(\varepsilon) + g\Delta d >_+ \\ d = d^* \ \text{ if } \ 0 < d^* < 1 \\ d = 0 \ \ \text{ if } \ \ \ d^* = 0 \\ d = 1 \ \ \text{ if } \ \ \ d^* > 1 \end{cases} \tag{3.61}$$

C'est exactement le système d'équations (3.39) avec une légère modification pour tenir compte de la condition $d \leq 1$.

Le schéma explicite qui résulte de (3.52) pour obtenir l'état d'équilibre sous un déplacement contrôlée instantané s'écrit :

$$\begin{cases} \mathbf{K(d_{n-1})} \, \mathbf{u_n} = \mathbf{F_n} \\ d_n^* = d_{n-1} + \dfrac{\theta}{\xi} < -hd_{n-1} + g\Delta d_{n-1} - c'(d_{n-1})w_o(\varepsilon_{n-1})) >_+ \\ d_n = d^* \ \text{ if } \ 0 < d^* < 1 \\ d_n = 0 \ \ \text{ if } \ \ \ d^* = 0 \\ d_n = 1 \ \ \text{ if } \ \ \ d^* > 1 \end{cases} \tag{3.62}$$

C'est exactement l'algorithme de la méthode d'Uzawa [Saad, 2000] pour obtenir la solution d'un problème de minimisation (3.59).

3.6 Conclusions

Dans ce chapitre, les équations du comportement standard à gradient sont données à partir des expressions de l'énergie libre et du potentiel de dissipation. Nous nous focalisons sur la dérivation des équations, sur le formalisme des matériaux standards généralisés, sur les processus dépendants du temps tels que la visco-élasticité ou visco-plasticité et endommagement progressif, sur les processus indépendants du temps comme la plasticité incrémentale et l'endommagement fragile ainsi que sur les schémas numériques associés.

En particulier, l'intérêt des termes de gradient sur le phénomène de localisation est ici exploré. Les quelques exemples numériques donnés illustrent clairement les possibilités de cette méthode de simulation.

Chapitre 4

Conclusions et Perspectives

Bilan

Ce travail de thèse, consacré à la simulation numérique de la propagation des fissures, va dans le sens des efforts de la communauté Mécanique Numérique internationale depuis plus de 15 ans. Des développements théoriques et numériques importants ont été obtenus, en particulier en France par diverses équipes, *cf.* Moës, Combescure *et al.* sur les éléments finis discontinus XFEM, Frémond et Nedjar, Marigo *et al.*, Lorentz et Benallal, Henry et Levine,... sur la localisation de l'endommagement.

Dans ce contexte, les objectifs du travail sont doubles et ont consisté principalement à :

- Maîtriser le calcul dans le cadre du code CAST3M du CEA. Ce code de calcul a été adopté par la plupart des laboratoires de recherche en France (comme par exemple le LMS (École Polytechnique), LMT (ENS Cachan), LAMCOS (INSA de Lyon),... Sa structure permet une adaptation et un développement intéressant par l'ajout des modules particuliers utilisant le macro-langage du code, ce qui explique son succès comme outil de base pour les chercheurs. Une première mission de mon travail a été d'utiliser ce code pour les travaux numériques dans le cadre du travail de thèse comme pour assurer les développements ultérieurs à l'Institut de Mécanique de Hanoï. Pour cette raison, même si certains éléments de XFEM existent dans quelques versions récentes du code, un bilan de techniques numériques est représenté en vue de servir efficacement notre code. Une programmation personnelle pour les besoins du Chapitre 2 est absolument utile pour bien connaître les structures du code. Cet objectif a été bien rempli, au moins pour traiter des problèmes usuels en Mécanique des Solides.

- Rester strictement dans le cadre des Modèles Standard Généralisés pour mieux étudier et mieux comparer les résultats en fonction de la loi de comportement de l'endommagement. De cette manière, une description originale et unitaire a pu être présentée. Les modèles de l'endommagement de type visqueux ou visco-plastique ou plastique incrémentale avec ou sans gradient de l'endommagement ont été considérés et testés numériquement.

Les résultats obtenus sont très encourageants sur l'approche XFEM comme sur l'approche Mécanique de l'Endommagement, en particulier pour la prévision des trajets de fissuration, les essais numériques ont montré un accord favorable avec les observations expérimentales :

- Il a été constaté essentiellement que les modèles sans gradients donnent de bons résultats sur la localisation et la prédiction des fissures, même si ces résultats peuvent être sensibles aux maillages. L'introduction du gradient de l'endommagement enlève cette dépendance aux maillages et stabilise les résultats numériques.

- D'autre part, une interprétation de l'approche BFM [Bourdin *et al.*, 2000] comme une loi d'endommagement total a été donnée dans ce contexte et permet une meilleure compréhension des résultats théoriques et numériques de ces auteurs. De même, on a pu montrer l'intérêt des modèles visco-plastiques ou plastiques qui, grâce à l'existence d'un seuil d'endommagement, donnent des résultats plus satisfaisants que les modèles visco-élastiques.

Perspectives

Bien entendu, faute de temps, le travail présenté n'est qu'une première approche. Elle doit être prolongée dans plusieurs directions en vue d'un véritable outil opérationnel :

- Sur les deux approches étudiées, par la méthode XFEM ou par l'endommagement, la simulation des fissures de Griffith ayant une énergie de surface critique donnée G_c reste délicate. En effet, il est difficile de relier G_c aux forces de liaison dans l'approche XFEM ou aux paramètres du modèle d'endommagement d'une manière entièrement satisfaisante. Ceci montre que le résultat théorique connu sur la méthode de Bourdin *et al.* est vraiment exceptionnellement fort et intéressant et qu'une étude plus approfondie sur cette question épineuse est à la fois nécessaire et prometteuse.

- La différence entre les comportements du béton en traction et en compression est un facteur important dans la détermination du trajet de fissuration. Cette différence est prise en compte dans le modèle adopté d'une manière très élémentaire car elle est basée uniquement sur le signe de la pression moyenne. Une simulation avec un modèle plus sophistiqué comme celui de Nedjar [Nedjar, 1995] sera nécessaire dans les discussions à mener ultérieurement.

- Nous avons également étudié brièvement l'effet d'échelle des structures. Une étude approfondie sera nécessaire dans l'avenir en vue d'une conclusion plus parlante entre les dimensions réelles des structures et la fissuration.

Bibliographie

[Amor *et al.*, 2009] AMOR, H., MARIGO, J.-J., ET MAURINI, C. (2009). Regularized formulation of the variational brittle fracture with unilateral contact : Numerical experiments. *J. Mech. Phys. Solids*, **57**, pp. 1209–1229.

[Barenblatt, 1972] BARENBLATT, G. (1972). The mathematical theory of equilibrium cracks in brittle fracture. *Advances in Applied Mechanics*, **7**, pp. 55–129.

[Bazant et Oh, 1983] BAZANT, Z. P. ET OH, P. H. (1983). Crack band theory for fracture of concrete. *Materials and structures*, **16**, pp. 155–177.

[Bazant et Ozbolt, 1990] BAZANT, Z. P. ET OZBOLT, J. (1990). Non local microplane model for fracture, damage and size effect in structures. *Journal of Engineering Mechanics*, **116**, pp. 2485–2505.

[Bazant et Planas, 1998] BAZANT, Z. P. ET PLANAS, J. (1998). *Fracture and size effect in concrete and other quasibrittle materials*. CRC Press, Boca Ranto, Florida.

[Béchet *et al.*, 2005] BÉCHET, E., MINNEBO, H., MOËS, N., ET BURGARDT, B. (2005). Improved implementation and robustness study of the X-FEM for stress analysis around cracks. *International Journal for Numerical Methods in Engineering*, **64**, pp. 1033–1056.

[Belytschko et Black, 1999] BELYTSCHKO, T. ET BLACK, T. (1999). Elastic crack growth in finite elements with minimal remeshing. *International Journal for Numerical Methods in Engineering*, **45**, pp. 601–620.

[Belytschko et Chen, 2004] BELYTSCHKO, T. ET CHEN, H. (2004). Singular enrichment finite element method for elastodynamic crack propagation. *International Journal of Computational Methods*, **1**, pp. 1–15.

[Belytschko *et al.*, 2003] BELYTSCHKO, T., CHEN, H., XU, J., ET ZI, G. (2003). Dynamic crack propagation based on loss of hyperbolicity and a new discontinuous enrichment. *International Journal for Numerical Methods in Engineering*, **58**, pp. 1873–1905.

[Belytschko *et al.*, 1994] BELYTSCHKO, T., GU, L., ET LU, Y. (1994). Fracture and crack growth by element free Galerkin method. *Modelling Simul. Mater. Sci. Engng.*, **2**, pp. 519–534.

[Belytschko *et al.*, 2001] BELYTSCHKO, T., MOËS, N., USUI, S., ET PARIMI, C. (2001). Arbitrary discontinuities in finite elements. *International Journal for Numerical Methods in Engineering*, **50, no 4**, pp. 993–1013.

[Bouchard *et al.*, 2000] BOUCHARD, P., BAY, F., CHASTEL, Y., ET TOVENA, I. (2000). Crack propagation modelling using an advanced remeshing technique. *Computer Meth. In Appl. Mech. and Engng.*

[Bourdin *et al.*, 2000] BOURDIN, B., FRANCFORT, G., ET MARIGO, J. (2000). Numerical experiments in revisited brittle fracture. *J. Mech. Phys. Solids*, **48**, pp. 797–826.

[Budyn *et al.*, 2004] BUDYN, E., ZI, G., MOËS, N., ET BELYTSCHKO, T. (2004). A method for multiple crack growth in brittle materials without remeshing. *International Journal for Numerical Methods in Engineering*, **61**, pp. 1741–1770.

[Bui, 1978] BUI, H. D. (1978). *Mécanique de la rupture fragile*. Masson.

[Bui *et al.*, 1980] BUI, H. D., EHRLACHER, A., ET NGUYEN, Q. S. (1980). Propagation de fissure en thermo-élasticité dynamique. *Journal de Mécanique*, **19**, pp. 697–723.

[Bush, 1999] BUSH, M. (1999). Prediction of crack trajectory by the boundary element method. *Structural Engng. and Mech.*, **7**, pp. 575–588.

[Cervenka, 1994] CERVENKA, J. (1994). *Discrete crack modeling in concrete structures*. PhD thesis, University of Colorado.

[Chessa et Belytschko, 2003a] CHESSA, J. ET BELYTSCHKO, T. (2003a). An enriched finite element method and level sets for axisymmetric two-phase flow with surface tension. *International Journal for Numerical Methods in Engineering*, **58, no 13**, pp. 2041–2064.

[Chessa et Belytschko, 2003b] CHESSA, J. ET BELYTSCHKO, T. (2003b). An enriched finite element method for two-phase fluids. *Journal of Applied Mechanics*, **70, no 1**, pp. 10–17.

[Chessa *et al.*, 2002] CHESSA, J., SMOLINSKI, P., ET BELYTSCHKO, T. (2002). The extended finite element method for solidication problems. *International Journal for Numerical Methods in Engineering*, **53**, pp. 1959–1977.

[Chessa *et al.*, 2003] CHESSA, J., WANG, H., ET BELYTSCHKO, T. (2003). On the construction of blending elements for local partition of unity enriched finite elements. *International Journal for Numerical Methods in Engineering*, **57**, pp. 1015–1038.

[Chopp et Sukumar, 2003] CHOPP, D. ET SUKUMAR, N. (2003). Fatigue crack propagation of multiple coplanar cracks with the coupled extended finite element and fast marching method. *International Journal of Engineering Science*, **41**, pp. 845–869.

[Daux *et al.*, 2000] DAUX, C., MOËS, N., J., D., SUKUMAR, N., ET BELYTSCHKO, T. (2000). Arbitrary branched and intersecting cracks with the extended finite element method. *International Journal for Numerical Methods in Engineering*, **48**, pp. 1741–1760.

[de Borst *et al.*, 2004] DE BORST, R., REMMERS, J., NEEDLEMAN, A., ET M.A., A. (2004). Discrete vs smeared crack models for concrete fracture : bridging the gap. *International Journal for Numerical and Analytical Methods in Geomechanics*, **28**, pp. 583–607.

[Dolbow et Merle, 2001] DOLBOW, J. ET MERLE, R. (2001). Solving thermal and phase change problems with the extended finite element method. *Computational mechanics*, **28**, pp. 339–350.

[Dolbow *et al.*, 2000] DOLBOW, J., MOËS, N., ET BELYTSCHKO, T. (2000). Discontinuous enrichment in finite elements with a partition of unity method. *Finite Elements in Analysis and Design*, **36**, pp. 235–260.

[Duarte *et al.*, 2001] DUARTE, C., HAMZEH, O., LISKA, T., ET W., T. (2001). A generalized finite element method for the simulation of three-dimensional dynamic crack propagation. *Computer Methods in Applied Mechanics and Engineering*, **190**, pp. 2227–2262.

[Dugdale, 1960] DUGDALE, D. (1960). Yieding of steel sheets containing slits. *Journal of Mechanis and Physics of Solids*, **8**, pp. 100–104.

[Dvorkin *et al.*, 1990] DVORKIN, E., CUITINO, A., ET GIOIA, G. (1990). Finite elements with displacement interpolated embedded localization lines insensitive to mesh size and distortions. *International Journal of Numerical Methods in Engineering*, **30**, pp. 541–564.

[Elouard, 1993] ELOUARD, A. (1993). *Etude numérique par éléments finis de la fissuration avec remaillage automatique - Application à la mécanique des chaussées*. PhD thesis, Ecole Nationale des Ponts et Chaussées.

[Ferdjani *et al.*, 2007] FERDJANI, H., ABDELMOULA, R., ET MARIGO, J.-J. (2007). Insensitivity to small defects of the rupture of materials governed by the Dugdale model. *Continuum Mechanics and Thermodynamics*, **19**, pp. 191–210.

[Forest *et al.*, 2000] FOREST, S., CARDONA, J., ET SIEVERT, R. (2000). Thermoelasticity of second-grade media. In *Continuum Thermodynamics, Kluwer, Dordrecht*. In Maugin, Drouot, and Sidoroff.

[Francfort et Marigo, 1998] FRANCFORT, G. ET MARIGO, J.-J. (1998). Revisiting brittle fracture as an energy minimization problem. *J. Mech. Phys. Solids*, **46**, pp. 1319–1342.

[Frémond, 1985] FRÉMOND, M. (1985). *Contact unilatéral avec adhérence. Une théorie du premier gradient.*, chapter CISM Courses and Lectures n°304, pages 117–137. Communication au third meeting on Unilateral Problems in Structural Analysis, Udine.

[Frémond et Nedjar, 1996] FRÉMOND, M. ET NEDJAR, B. (1996). Damage, gradient of damage and principle of virtual power. *Int. J. Solids and Structures*, **33**, pp. 1083–1103.

[Germain *et al.*, 1983] GERMAIN, P., NGUYEN, Q. S., ET SUQUET, P. (1983). Continuum Thermodynamics. *J. of Applied Mechanics*, **50**, pp. 1010–1021.

[Gravouil *et al.*, 2002] GRAVOUIL, A., MOËS, N., ET BELYTSCHKO, T. (2002). Nonplanar 3D crack growth by the extended finite element and level sets. Part II : Level set update. *International Journal for Numerical Methods in Engineering*, **53**, pp. 2569–2586.

[Griffith, 1920] GRIFFITH, A. (1920). The phenomena of rupture and flow in solids. *Philosophical Transactions*, **221**, pp. 163–198.

[Gupta et Akbar, 1984] GUPTA, A. ET AKBAR, H. (1984). Cracking in reinforced concrete analysis. *Journal of Structural Engineering*, **110**, pp. 1735–1746.

[Gurson, 1977] GURSON, A. (1977). Continuum theory of ductile rupture by void nucleation and growth : Part I - Yield criteria and flow rules for porous ductile media. *Transaction of the ASME*.

[Halphen et Nguyen, 1974] HALPHEN, B. ET NGUYEN, Q. (1974). Plastic and viscoplastic materials with generalized potential. *Mechanical Research Communications*, **1**, pp. 43–47.

[Halphen et Nguyen, 1975] HALPHEN, B. ET NGUYEN, Q. S. (1975). Sur les matériaux standards généralisés. *Journal de Mécanique*, **14**, pp. 39–63.

[Henry et Levine, 2004] HENRY, H. ET LEVINE, H. (2004). Dynamic instabilities of fracture under biaxial strain using a phase-field model. *Phys. Rev. Let.*, **93**, pp. 105504.

[Hillerborg *et al.*, 1976] HILLERBORG, A., MODEER, M., ET PETERSSON, P. (1976). Analysis of crack formation and crack growth concrete by means of fracture mechanics and finite elements. *Cements and Concrete Research*, **6**, pp. 773–782.

[Huang *et al.*, 2003] HUANG, R., SUKUMAR, N., ET PREVOST, J. (2003). Modeling quasi-static crack growth with the extended finite element method, Part II : Numerical applications. *International Journal of Solids and Structures*, **40**, pp. 7539–7552.

[Irwin, 1957] IRWIN, G. (1957). Analysis of stresses and strains near the end of a crack traversing a plate. *Journal of Applied Mechanics-ASME*, **24**, pp. 361–364.

[Jirasek, 1999] JIRASEK, M. (1999). Numerical modeling of deformation and failure of materials. Technical report, Short Course.

[Jirasek et Zimmermann, 1998] JIRASEK, M. ET ZIMMERMANN, T. (1998). Analyse or rotating crack model. *Journal of Engineering Mechanics*.

[Leblond, 2000] LEBLOND, J. (2000). *Mécanique de la rupture fragile et ductile*.

[Lee *et al.*, 2004] LEE, S., SONG, J., YOON, Y., ZI, G., ET BELYTSCHKO, T. (2004). Combined extended and superimposed finite element method for cracks. *International Journal for Numerical Methods in Engineering*, **59**, pp. 1119–1136.

[Legay *et al.*, 2005] LEGAY, A., WANG, H., ET BELYTSCHKO, T. (2005). Strong and weak arbitrary discontinuities in spectral finite elements. *International Journal for Numerical Methods in Engineering*, **64**, pp. 991–1008.

[Lemaitre et Chaboche, 1996] LEMAITRE, J. ET CHABOCHE, J. (1996). *Mécanique des matériaux solides*. Dunod : Paris.

[Lorentz, 2008] LORENTZ, E. (2008). *Modélisation et simulation numérique de l'endommagement des structure*. PhD thesis, Université Paris 6.

[Lorentz et Andrieux, 2003] LORENTZ, E. ET ANDRIEUX, S. (2003). A variational formulation for nonlocal damage models. *Int. J. Plasticity*, **15**, pp. 119–138.

[Lorentz et Benallal, 2005] LORENTZ, E. ET BENALLAL, A. (2005). Gradient constitutives relations : numerical aspect and application to gradient damage. *Comp. Meth. Appl. Mech. Engng.*, **194**, pp. 5191–5220.

[Maitournam, 2010] MAITOURNAM, H. (2010). *Mécanique des structures anélastiques*. Ecole Polytechnique.

[Mariani et Perego, 2003] MARIANI, S. ET PEREGO, U. (2003). Extended finite element method for quasi-brittle fracture. *International Journal for Numerical Methods in Engineering 2003*, **58**, pp. 103–126.

[Marigo, 1981] MARIGO, J. J. (1981). Formulation d'une loi d'endommagement d'un matériau élastique. *C.R. Acad. Sc. Paris, Série II*, **292**, pp. 1309–1312.

[Mazar, 1984] MAZAR, J. (1984). *Application de la mécanique de l'endommagement au comportement nonlinéaire et à la rupture du béton de structure*. PhD thesis, Thèse de Doctorat Université Paris VI.

[Mazars *et al.*, 1991] MAZARS, J., PIJAUDIER-CABOT, G., ET SAOURIDIS, C. (1991). Size effect and continuous damage in cemeniitious materials. *International Journal of Fracture*, **51**, pp. 159–173.

[Melenk et Babuska, 1996] MELENK, J. ET BABUSKA, I. (1996). The partition of unity finite element method : Basis theory and application. *Computer Methods in Applied Mechanics and Engineering*, **139**, pp. 289–314.

[Menouillard *et al.*, 2006] MENOUILLARD, T., RÉTHORÉ, J., COMBESCURE, A., ET BUNG, H. (2006). Efficient explicit time stepping for the extended finite element method (X-FEM). *International Journal for Numerical Methods in Engineering*, **68**, pp. 911–939.

[Mergheim *et al.*, 2005] MERGHEIM, J., KUH, E., ET STEINMANN, P. (2005). A finite element method for the computational modelling of cohesive cracks. *International Journal for Numerical Methods in Engineering*, **63**, pp. 276–289.

[Meschke et Dumstorff, 2007] MESCHKE, G. ET DUMSTORFF, P. (2007). Energy-based modeling of cohesive and cohesionless cracks via X-FEM. *Comp. Meth. Appl. Mech. Engng.*, **196**, pp. 2338–2357.

[Mohammadi, 2008] MOHAMMADI, S. (2008). *Extended finite element method.* Blackwell.

[Moës et Belytschko, 2002] MOËS, N. ET BELYTSCHKO, T. (2002). Extended finite element method for cohesive crack growth. *Engineering Fracture Mechanics*, **69**, pp. 813–833.

[Moës *et al.*, 1999] MOËS, N., DOLBOW, J., ET BELYTSCHKO, T. (1999). A finite element method for crack growth without remeshing. *International Journal for Numerical Methods in Engineering*, **46**, pp. 131–150.

[Moumni, 1995] MOUMNI, Z. (1995). *Sur la modélisation du changement de phase à l'état solide.* PhD thesis, Ecole Nationale Supérieure des Ponts et Chaussées.

[Nedjar, 1995] NEDJAR, B. (1995). *Mécanique de l'endommagement. Théorie du premier gradient et application au béton.* PhD thesis, Ecole National de Ponts et Chaussées.

[Nguyen, 1980] NGUYEN, Q. (1980). Méthodes énergétiques en mécanique de la rupture. *J. de Méca.*, **Vol. 19, No2**, pp. 363–386.

[Nguyen, 2000] NGUYEN, Q. (2000). *Stability and Nonlinear Solid Mechanics.* Wiley.

[Osher et Sethian, 1988] OSHER, S. ET SETHIAN, J. (1988). Fronts propagating with curvature-dependent speed : algorithms based on Hamilton-Jacobi formulations. *Journal of Computational Physics*, **79**, pp. 12–49.

[Pham et Marigo, 2009] PHAM, K. ET MARIGO (2009). Construction and analysis of localized responses for gradient damages models in a 1D setting. *Vietnam Journal of Mechanics*, **31**, pp. 233–246.

[Planas et Elices, 1989] PLANAS, J. ET ELICES, M. (1989). *Size-effect in concrete structures : Mathematical approximations and expérimental validation.* Elsevies.

[Polizzotto, 2003] POLIZZOTTO, C. (2003). Unified thermodynamic framework of nonlocal/gradient continuum theories. *Eur. J. Mech. A Solids*, **22**, pp. 651–668.

[Rashid, 1998] RASHID, M. (1998). The arbitrary local mesh replacement method : an alternative to remeshing for crack propagation analysis. *Computer Meth. in Appl. Mech. and Engng.*, **154**, pp. 133–150.

[Rashid, 1968] RASHID, Y. (1968). Ultimate strength analysis of prestressed concrete pressure vessels. *Nuclear Engng and Design*, **7**, pp. 334–344.

[Remmers *et al.*, 2003] REMMERS, J., DE BORST, R., ET A., N. (2003). A cohesive segments method for the simulation of crack growth. *Computational Mechanics*, **31**, pp. 69–77.

[Rice, 1968] RICE, J. (1968). A part independent and approximate analysis of strain concentration by notches and crack. *Journal of Applied Mechanics-ASME*, **35**, pp. 379–386.

[Rots et de Borst, 1987] ROTS, J. G. ET DE BORST, R. (1987). Analysis of Mixed-Mode fracture in concrete. *Journal of engirneering Mechanics*, **11, 113**.

[Rousselier, 1987] ROUSSELIER, G. (1987). Ductile fracture models and their potential in local approach of fracture. *Nucl. Engng. And Design*, **105**, pp. 97–111.

[Réthoré *et al.*, 2005] RÉTHORÉ, J., GRAVOUIL, A., ET COMBESCURE, A. (2005). An energy-conserving scheme for dynamic crack growth using the extended finite element method. *International Journal for Numerical Methods in Engineering*, **63**, pp. 631–659.

[Saad, 2000] SAAD, Y. (2000). *Iterative methods for sparse linear systems*.

[Stazi *et al.*, 2003] STAZI, F., BUDYN, E., CHESSA, J., ET BELYTSCHKO, T. (2003). An extended finite element method with higher-order elements for curved cracks. *Computational Mechanics*, **31**, pp. 38–48.

[Stolarska *et al.*, 2001] STOLARSKA, M., CHOPP, D., MOES, N., ET BELYTSCHKO, T. (2001). Modelling crack growth by level sets in the extended finite element method. *International Journal of Numerical Methods in Engineering*, **51**, pp. 943–960.

[Strouboulis *et al.*, 2000a] STROUBOULIS, T., BABUSKA, I., ET COPPS, K. (2000a). The design and analysis of the generalized finite element method. *Computer Methods in Applied Mechanics and Engineering*, **181**, pp. 43–69.

[Strouboulis *et al.*, 2000b] STROUBOULIS, T., COPPS, K., ET BABUSKA, I. (2000b). The generalized finite element method : an example of its implementation and illustration of its performance. *International Journal for Numerical Methods in Engineering*, **47**, pp. 1401–1417.

[Sukumar *et al.*, 2003a] SUKUMAR, N., CHOPP, D., ET MORAN, B. (2003a). Extended finite element method and fast marching method for three-dimensional fatigue crack propagation. *Engineering Fracture Mechanics*, **70**, pp. 29–48.

[Sukumar *et al.*, 2001] SUKUMAR, N., CHOPP, D., MOËS, N., ET T., B. (2001). Modeling holes and inclusions by level sets in the extended finite element method. *Computer Methods in Applied Mechanics and Engineering*, **190**, pp. 6183–6200.

[Sukumar *et al.*, 2000] SUKUMAR, N., MOËS, N., MORAN, B., ET BELYTSCHKO, T. (2000). Extended finite element method for three-dimensional crack modelling. *International Journal for Numerical Methods in Engineering*, **48**, pp. 1549–1570.

[Sukumar et Prévost, 2003] SUKUMAR, N. ET PRÉVOST, J.-H. (2003). Modelling quasi-static crack growth with the extended finite element method. part I : Computer implementation. *International Journal of Solids and Structures*, **40**, pp. 7513–7537.

[Sukumar *et al.*, 2003b] SUKUMAR, N., SROLOVITZ, D., BAKER, T., ET PREVOST, J. (2003b). Brittle fracture in polycrystalline microstructures with the extended finite element method. *International Journal for Numerical Methods in Engineering*, **56**, pp. 2015–2037.

[Surendra *et al.*, 1995] SURENDRA, P. S., STUART, E. S., ET CHENGSHENG, O. (1995). *Fracture mechanics of concrete : Applications of fracture mechanics to concrete, rock and other quasi-brittle materials.* Wiley and Son.

[Terrien, 1980] TERRIEN, M. (1980). Emission acoustique et comportement mécanique post-critique d'un béton sollicité en traction. *Bull, de liaison Lab. des Ponts et Chaussées*, **105**, pp. 2398.

[Ung Quoc, 2003] UNG QUOC, H. (2003). *Théorie de dégradation du béton et développement d'un nouveau modèle d'endommagement en formulation incrémentale tangente. Calcul à la rupture applique au cas des fixation ancrées dans de béton.* PhD thesis, Ecole Nationale des Ponts et Chaussées.

[Unger *et al.*, 2007] UNGER, J. F., ECKARDT, S., ET KÖNKE, C. (2007). Modelling of cohesive crack growth in concrete structures with the extended finite element method. *Comp. Meth. Appl. Mech. Engng.*, **196**, pp. 4087–4100.

[Ventura *et al.*, 2003] VENTURA, G., BUDYN, E., ET BELYTSCHKO, T. (2003). Vector level sets for description of propagating cracks in finite elements. *International Journal for Numerical Methods in Engineering*, **58**, pp. 1571–1592.

[Vonk, 1993] VONK, R. A. (1993). A micromechanical investigation of softening of concrete loaded in compression. *Heron Publication, Delft University of Technology, The netherland*, **38**.

[Wagner *et al.*, 2003] WAGNER, G., GHOSAL, S., ET LIU, W. (2003). Particulate flow simulations using lubrication theory solution enrichment. *International Journal for Numerical Methods in Engineering*, **56**, pp. 1261–1289.

[Wells *et al.*, 2002] WELLS, G., DE BORST, R., ET SLUYS, L. (2002). A consistent geometrically non-linear approach for delamination. *International Journal for Numerical Methods in Engineering*, **54**, pp. 1333–1355.

[Wells et Sluys, 2001] WELLS, G. ET SLUYS, L. (2001). A new method for modeling cohesive cracks using finite elements. *International Journal for Numerical Methods in Engineering*, **50**, pp. 2667–2682.

[Zi et Belytschko, 2003] ZI, G. ET BELYTSCHKO, T. (2003). New crack-tip elements for XFEM and applications to cohesive cracks. *International Journal for Numerical Methods in Engineering*, **57**, pp. 2221–2240.

[Zi *et al.*, 2005] ZI, G., CHEN, H., XU, J., ET BELYTSCHKO, T. (2005). The extended finite element method for dynamic fractures. *Shock and Vibration*, **12**, pp. 9–23.

[Zi *et al.*, 2004] ZI, G., SONG, J., BUDYN, E., LEE, S., ET BELYTSCHKO, T. (2004). A method for growing multiple cracks without remeshing and its application to fatigue crack growth. *Modeling and Simulations for Matererial Science and Engineering*, **12**, pp. 901–915.